扣件式钢管脚手架
搭设要求与设计计算

刘嘉福

中国建筑工业出版社

图书在版编目（CIP）数据

扣件式钢管脚手架搭设要求与设计计算/刘嘉福主编．北京：中国建筑工业出版社，2002

ISBN 7-112-04934-2

Ⅰ．扣… Ⅱ．刘… Ⅲ．脚手架—基本知识 Ⅳ．TU731.2

中国版本图书馆 CIP 数据核字（2001）第 093220 号

扣件式钢管脚手架搭设要求与设计计算

刘嘉福

*

中国建筑工业出版社出版、发行（北京西郊百万庄）

新华书店经销

北京市兴顺印刷厂印刷

*

开本：787×1092 毫米 1/32 印张：2½ 字数：56 千字

2001 年 12 月第一版 2001 年 12 月第一次印刷

定价：8.00 元

ISBN 7-112-04934-2

TU·4396（10437）

本社网址：http：//www．china－abp．com．cn

网上书店：http：//www．china－building．com．cn

本书根据《建筑施工扣件式钢管脚手架安全技术规范》(JGJ 130-2001)叙述扣件式钢管脚手架搭设要求及设计计算方法，并举例加以说明；书中还汇总了主要的计算公式及简单的应用数据，可直接应用。

可供建筑工程施工技术人员、管理人员及工长阅读。

前　言

《建筑施工扣件式钢管脚手架安全技术规范》（JGJ 130-2001）于2001年6月1日颁发施行，为便于各地组织学习，现编写了这本《扣件式钢管脚手架搭设要求与设计计算》一书。考虑安技人员专业的广泛性和阅读方便，故编写得尽量通俗易懂，并在设计计算篇中例举计算例题，供学习参考。该书由《中国建筑技术资料网》（www. ccdn. com. cn）组织编写。由于编者水平有限，如有理解不当之处，请予指正。

编　者

目　录

第一篇　搭设要求

第二篇　设计计算

第一篇　搭设要求

第一章　名称与符号

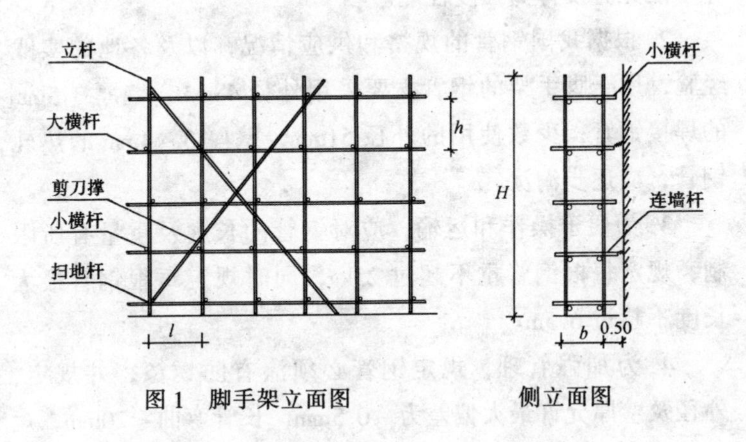

图 1　脚手架立面图　　　　侧立面图

H——脚手架总高度；

h——步距（大横杆之间距离）；

l——立杆纵距（立杆之间跨度）；

b——立杆横距（脚手架宽）

第二章　构　配　件

扣件式钢管脚手架主要由钢管和扣件组成，其间铺以脚手板并采用连墙件与建筑物进行连接保持脚手架的稳定性。

第一节 钢　　管

1. 选用的钢管应有准确的外径与强度，以满足脚手架使用的稳定性。为选用经济、合理的管材，经对有缝钢管进行试验与计算，结果表明：用于脚手架的钢管强度，主要取决于钢管的材质及其截面特征，而与有缝无缝无关。因此，脚手架的钢管应尽量选用有缝管或焊接管；采用高强度钢材并不能充分发挥其强度性能。

2. 根据我国钢管的规格和供应情况，以及各地的实践经验，用于脚手架的钢管主要采用外径 48mm，壁厚 3.5mm 的焊接钢管；少数使用的外径 51mm，壁厚 3～4mm 的热轧钢管，应逐步淘汰。

3. 为便于操作和运输，应对钢管的长度及重量有所限制，规定每根钢管重不超过 25kg，同时规定每根钢管最大长度不超过 6.5m。

4. 为加强管理，规定钢管必须涂有防锈漆，并规定，外径及壁厚允许最大偏差为 -0.5mm，长管弯曲≤20mm，短管弯曲≤10mm。

第二节 扣　　件

一、扣件形式

目前使用的扣件形式基本有以下三种：

1. 直角扣件：用于连接两根互相垂直交叉的钢管；

2. 回转扣件：用于连接两根呈任意角度交叉的钢管；

3. 对接扣件：用于将两根钢管对接接长。

二、扣件材质

目前我国有可锻铸造扣件与钢板压制扣件两种，可锻铸造扣件已有国家产品标准和专业检测单位，质量易于保证，因此应采用可锻铸造扣件。对钢板压制扣件目前尚无国家标准，难以检查验收，且盖板受力后易产生变形，重复使用次数少，故不推荐采用钢板冲压扣件。

三、扣件螺栓拧紧程度

扣件螺栓的拧紧程度，对脚手架的承载能力、稳定和安全等有着很大的影响。脚手架上的施工荷载是通过扣件向各杆传递的，因此要求扣件必须有足够的抗旋转能力和抗滑能力。

试验和使用的结果表明，当扣件螺栓拧紧，扭力矩为40~50N·m时，扣件本身所具有的抗滑、抗旋转和抗拔能力均能满足使用要求，并具有一定的安全储备。

但应当注意，可锻铸铁是脆性材料，破坏时会突然断裂，因此，在使用时螺栓不要拧得过紧，一般控制在40~50N·m，最大不得超过65N·m。

第三节　脚　手　板

一、冲压钢脚手板

冲压钢脚手板应涂防锈漆，不得有裂纹、开焊与硬弯，板面挠曲不大于12mm，脚手板应有防滑措施。

二、木脚手板

板厚不应小于50mm，宽度不小于200mm；板两端用直径4mm的镀锌钢丝绑扎两道，不得使用腐朽或有裂纹的板。

三、竹脚手板

1. 竹串片板。它是采用螺栓穿过并列的竹片拧紧而成，螺栓直径为 8 ~ 10mm，间距 500 ~ 600mm，螺栓孔径不大于 10mm。竹片并列脚手板长度为 2 ~ 3m、宽 0.25 ~ 0.30m，板厚不小于 50mm。

2. 竹笆板。竹笆板采用平放的竹片纵横编织而成，纵片不少于 5 道，且每道为双片，横片反正相间，四边端部纵横片交点用铁丝扎牢。竹片宽度为 30mm，每块竹笆板沿纵向用铁丝扎两道宽 40mm 的双面夹筋。竹笆板长为 1.5 ~ 2.5m，宽 0.8 ~ 1.2m。

第三章　荷　　载

作用于脚手架上的荷载有两种，一是静荷载，二是动荷载。

一、静荷载（不变荷载）

静荷载也叫恒载，指长期作用在脚手架上的不变荷载。也就是脚手架搭设后，荷载的大小、位置都不随时间而改变的荷载。例如钢管、扣件、脚手板、安全网等构配件的自重，都可以根据外形、尺寸和材料重度计算确定。为计算方便，可以把恒载分为两类：

1. 均布荷载。在脚手架上均匀分布的荷载。例如立杆、大横杆、小横杆等，都是按照固定的间距搭设的，只要计算出一个局部，然后再乘以全高，就可以得出该间距内全部重量，例如脚手架全高 30m，步距为 1.5m，这时只要计算出每步的钢管自重再乘以$\frac{30m}{1.5m}=20$步，就可以得出该间距内30m高的全部重量。

2. 非均布荷载。杆件在脚手架上分布不均匀的荷载。例如剪刀撑、防护栏杆、脚手板、安全网等，虽然也属于不变恒载，但在脚手架上不是均匀分布的，所以不能计算局部，必须按全高计算。

二、动荷载（可变荷载）

动荷载也叫活载，指作用在脚手架上的可变荷载。也就是脚手架在施工和使用过程中，有时存在，有时不存在，其作用位置可能是固定的，也可能是移动的荷载。例如施工荷载、风荷载等，应该根据脚手架类型分别计算。

1. 施工荷载。包括脚手板上的堆放材料（砖、砂浆、混凝土、模板等）、运输小车（包含车内所装物料）、作业人员等荷载。

施工荷载按均布计算（kN/m^2），脚手架使用的目的不同，施工荷载也不同。用于砌筑用的脚手架的施工荷载，上料多及有车辆运行，按$3kN/m^2$计算；用于装修的脚手架，上料少又不允许有车辆运行，按$2kN/m^2$计算。

2. 风荷载。风荷载按水平荷载计算，是均布作用在脚手架立面上的，与是否封挂安全网和封挂何种安全网有关，并与脚手架的高度有关。安全网孔越小，透风系数就越小，承受风荷载也越大；脚手架搭设高度越高，承受风荷载越大。

第四章　各杆件在脚手架中的作用

脚手架承受荷载后，力的传递方式有两种：

当使用脚手板时为：脚手板→小横杆→大横杆→立杆→基础。

当使用竹笆板时为：竹笆板→大横杆→小横杆→立杆→基础。

一、立杆

立杆在脚手架中是最重要的杆件，当水平杆发生变形时，只会影响脚手架的局部，若立杆发生变形或不均匀沉降时，就会对脚手架整体稳定带来影响。

立杆在脚手架中是承受压力，但不是轴向受压，而是偏心受压，因为大横杆绑在立杆的一侧，如果采用直角扣件紧固，其偏心距 $e=53mm$（图 2）。由于大横杆传给立杆的是一个偏心荷载，所以立杆的承载能力就会明显下降。为了改善这一情况，增加脚手架的整体稳定性，提高立杆受力性能，我们把大横杆放在双排脚手架立杆的里侧，这样设置，一方面可以缩短小横杆的跨距，另一方面也可使脚手架里外两排立杆同时受偏心荷载而产生的弯矩方向相反（图 3），通过节点处设置的小横杆，将里外两排立杆连接固定形成整体构架，共同作用，使里外两立杆

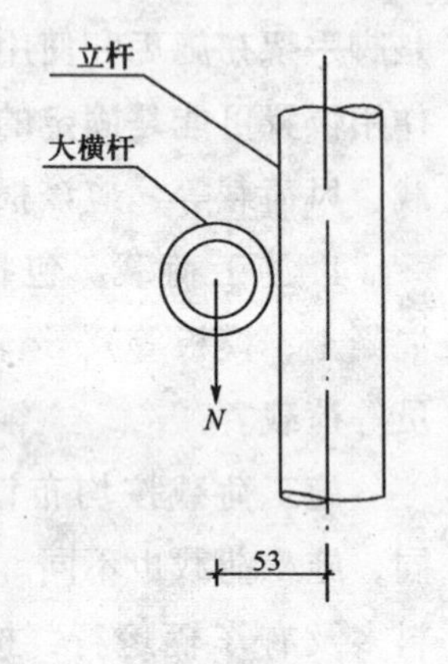

图 2　单根立杆偏心受力

弯矩产生相互抵消作用，减少变形，从而提高脚手架的整体稳定性。

搭设脚手架时，立杆必须垂直且间距均匀，否则会造成立杆的受力不一致。立杆接长时，必须采用对接接长，不准采用搭接连接。对接立杆为轴向传力，没有偏心，搭接接长立杆传力时，扣件受剪切。试验表明：一个对接扣件的承载能力，比搭接的承载能力大2倍以上。由于接头处受力比较薄弱，为避免相邻立杆的接头在同一步距内，应交错布置。

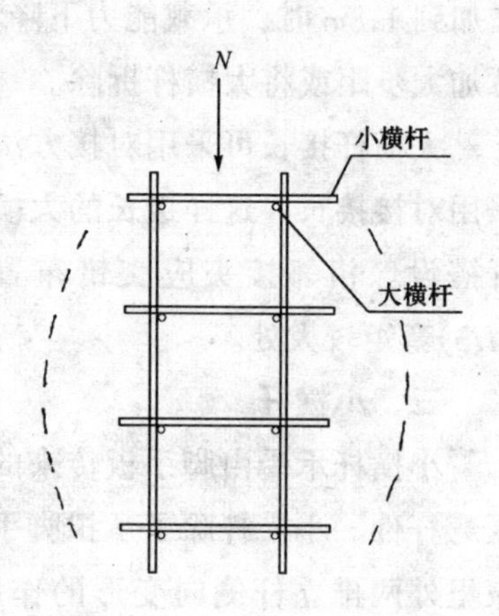

图3　里、外排立杆受力变形

二、大横杆

当使用竹笆脚手板时，大横杆放在小横杆上面，按不大于400mm的相等间距，采用直角扣件固定在小横杆上。

当使用脚手板时，小横杆放在大横杆上面，大横杆作为小横杆的支座，用直角扣件固定在立杆上。大横杆放在立杆里侧，其长度大于三跨，小横杆的荷载加在大横杆上，所以大横杆受弯曲近似于三跨连续梁，大横杆与立杆固定处，即为连续梁的支座。

大横杆的间距称步距，与立杆固定后便限制了立杆的侧向变形，步距越小立杆的稳定性越好，脚手架的承载能力越高；相反，步距加大脚手架承载能力下降，当步距由1.2m

增加到 1.8m 时，承载能力下降 26%，所以施工当中不准随意加大步距或将大横杆拆除。

大横杆接长可采用对接方法，也可采用搭接方法，一般采用对接接长，这样接长的大横杆在一条水平线上便于小横杆搭设。相邻接头应交错布置，同时接头位置避开跨中($l/3$)弯矩较大处。

三、小横杆

小横杆承受由脚手板传来的荷载，相当于单跨简支梁的受弯杆件。小横杆除了承担脚手板的荷载外，还同时起着约束里外两排立杆侧向变形的作用，提高脚手架的整体稳定性。为达到这个目的，对小横杆的设置要求：第一，必须在每个节点（立杆与大横杆交点）处，设置一根小横杆；第二，必须将小横杆的两端用扣件固定拧紧，不能只紧固一端。施工当中往往因大型工具缺乏，施工上部时，将脚手架下部节点处的小横杆拆除，或隔档拆除，从而减弱了对立杆的约束，增大立杆的长细比，把整体的双排脚手架改变成为里外两片独立的单片脚手架。这样，由于大量缺少小横杆，破坏了里外片脚手架共同工作的整体性，失去了相互抵消弯矩的作用，使脚手架受力后发生弯曲变形，大大降低承载能力。

四、扫地杆

由于钢管脚手架的立杆不像木脚手架那样进行埋杆，所以要求在立杆底部离地面 200mm 处，设置扫地杆，且必须在两个方向（横向、纵向）同时设置，以固定立杆的底部位置，约束立杆向下或水平移动。从试验中看，设置扫地杆还可以提高脚手架的承载能力。

五、剪刀撑

因脚手架都是由立杆和横杆组成的方格形构架，这就造成了它的几何不稳定。

什么是几何不稳定，我们可以通过以下试验说明：把4根筷子绑成一个正方形，当一外力从侧面作用时，虽然筷子的尺寸没变，但正方形已变成了平行四边形，这就叫几何不稳定。它对结构的安全使用是不利的，在构造上是不允许的，必须使结构形成几何稳定图形。如果在四边形的对角线增加一根斜杆，此时图形改由三角形组成，即为几何稳定形式。我们观察建筑结构的各类屋架，都是将它的杆件构成若干三角形的几何形状组成的，就是这个道理。

为了改善脚手架的方格形构架的缺陷,所以必须增设剪刀撑,以增强脚手架的纵向稳定性。实际上,即使没有纵向水平力,脚手架在垂直荷载的作用下,也会产生纵向位移倾斜,因为在实际工作中,脚手架沿长度承受的荷载并不均匀,再加上运料及人员的走动,这都是使脚手架发生倾斜的因素。

剪刀撑杆件在脚手架中承受压力（或拉力），主要依靠旋转扣件与杆件的摩擦力传递，所以判断剪刀撑的合格与否，主要看固定剪刀撑斜杆的扣件数量，数量越多受力越好。为此，剪刀撑斜杆的接长不用对接而用搭接，搭接处至少应有两个扣件固定，搭接长度600~1000mm；剪刀撑斜杆不但应与立杆交点固定，还应与小横杆的伸出端固定，以增加固定点扣件数量。

六、连墙杆

脚手架只适于承受竖向荷载，不能承受水平荷载，所以必须将脚手架与建筑物之间采用连墙杆牢固连接，以保证脚手架的整体稳定性。

设置连墙杆不但可以防止脚手架因风荷载或风吸力而发生的向内或向外的倾翻事故，同时还可以作为脚手架的中间约束，减小脚手架的计算高度，提高承载能力，保证脚手架的整体稳定性。

连墙杆本身必须具有一定强度，既能受拉又能受压，一般不得低于 10kN，否则将不利于传递荷载。连墙杆应靠近脚手架的节点处设置，距节点位置不大于 300mm。如果将连墙杆设置在步距的中间，由于立杆的局部弯曲变形，连墙杆几乎起不到作用。连墙杆应该从脚手架的最低的第一道大横杆处开始设置，其垂直距离不大于建筑的层高。从脚手架的试验表明，脚手架的破坏形式主要是整体失稳，如果按照规定设置牢靠的连墙杆，将会提高脚手架的整体稳定性。

第五章　脚手架搭设要求

不同高度的脚手架搭设要求也不相同，一般可按搭设高度分为：$H\leqslant 24m$，$24m<H\leqslant 50m$ 和 $H\geqslant 50m$ 三种情况。

第一节　搭设高度在 24m 以下

高度在 24m 以下的脚手架用量最大，适用于一般多层建筑施工的砌筑架或装修架，可以搭设成双排脚手架或单排脚手架，只要按照规范规定的构造要求及间距搭设，可不进行计算。

一、杆件间距

1. 砌筑架：立杆纵距不大于 1.5m，大横杆步距（按层高不同）可在1.2～1.4m，立杆横距（脚手架宽）不大于1.5m；

2. 装修架：立杆纵距1.8～2m，大横杆步距不大于1.8m，立杆横距（脚手架宽）不大于1.3m。

二、小横杆

1. 按照脚手架每个节点（大横杆与立杆交点）处设置一根小横杆，最好沿立杆两侧布置，即上步设在立杆左侧，下步小横杆设在立杆右侧，以抵消立杆因上下小横杆偏心造成的弯曲。

2. 当脚手架遇作业层时，每跨应再增加一根小横杆，使脚手板下小横杆间距不大于1m。当非作业层脚手板拆除时，增加的小横杆可同时拆除，但节点处的小横杆不得拆除。

3. 单排脚手架的小横杆设置与双排脚手架相同，小横杆的另一端伸入墙内的长度不小于180mm。

三、剪刀撑

1. 剪刀撑应随立杆、大横杆、小横杆等同步沿脚手架高度连续搭设，底部斜杆下端应落地支承在垫板上。

2. 每组剪刀撑宽度不小于4跨（6m）和不大于6跨（9m），斜杆与地面角度以45°～60°之间为宜。

3. 高度在24m以下的脚手架，沿外侧立面的两端各设一组剪刀撑；中间可间断设置，各组剪刀撑之间距离不大于15m。

四、连墙杆

1. 开始搭设立杆时，应每隔6跨设置一根抛撑，以保持脚手架的稳定性。在拆除脚手架时，拆除最后一道连墙杆前，也应先设置抛撑后再拆除连墙杆，以防止脚手架变形倒塌。

2. 连墙杆可按三步三跨布置，但每根连墙杆控制脚手架的面积不得超过 $40m^2$。

3. 连墙的作法有柔性和刚性两种：

柔性连接。用双股 8 号（$\phi4$）铅丝与建筑物预埋的 $\phi8$ 钢筋连接并绑在脚手架节点处，连接处节点的小横杆必须同时延长顶住建筑物，使连接作法既能受拉又能受压。

刚性连接：可在建筑物内预埋 $\phi48$ 钢管，用扣件与脚手架连接。或采用钢管扣件，与框架柱连接，或采用其它预埋铁件的方法连接。

4. 连墙杆应呈水平设置，或向脚手架一端下斜的方式连接，不得使脚手架一端呈上斜连接；向脚手架一端上斜连接不利于力的传递。

5. 连墙杆必须在施工方案中预先设计，防止在施工时临时研究随意设置，造成主体施工时适用，装修时，因影响施工而需拆除的情况。

6. 分析脚手架的倒塌事故，几乎都与连墙杆的设置情况有关，也有一些事故是由于在脚手架使用期间，连墙杆被过早拆除造成的，所以正确设置连墙杆对脚手架的安全使用至关重要。

五、扫地杆

扫地杆应沿纵向连续搭设。当脚手架立杆基础不在同一高度上时，必须将高处的纵向扫地杆向低处延长至两跨与立杆固定，靠边坡上方的立杆位置，与边坡距离不应过近（不小于 500mm）。高处立杆与低处立杆之间的高低差不应大于 1m。

六、底座及垫板

1. 扣件式钢管脚手架的底座有可锻铸铁制造的标准底座与焊接底座两种，底座为 mm：150×150×8 的钢板，上部焊 $\phi57\times3.5$ 钢管，$l=150$mm。

2. 立杆下垫板可采用厚 50mm 宽 200mm 的木垫板，当垫板长度为 2～2.5m 时，可垂直于墙面设置；当长度大于 3m 时可平行于墙面设置。

当采用 12～16 号槽钢仰铺时，可不用设置立杆底座，将立杆坐于槽钢上。

3. 在铺设垫板前，必须先对基础逐步夯实，回填土耐压强度不低于 50～80kN/m^2。然后，在夯实的地面上找平，再铺垫板，使垫板与基础之间紧密贴合，不得有地面不平和垫板与基础之间悬空现象。

七、脚手板

1. 脚手板应按脚手架宽铺满、铺牢，离墙不大于 150mm。

2. 采用竹笆板时应按主筋垂直于大横杆方向铺设，采用对接平铺，四个角应用 $\phi1.2$mm 铅丝绑扎固定在大横杆上。

3. 采用木脚手板、钢脚手板等时，下部小横杆间距不应大于 1m，脚手板可对接或搭接铺设。对接板接头处设两根小横杆，间距不大于 300mm，脚手板外伸 150mm；搭接的接头处下设一根小横杆，板搭接长度为 300mm。

4. 脚手板应铺设上下两步，上步板为作业层，下步板为防护层，作业层发生落人落物等意外情况时，下步板可起防护作用，同时也为作业层脚手板提供周转使用。

5. 当脚手板作业层下无防护层，或脚手板离墙过远时，为防止落人落物，应紧贴脚手板下部兜一层平网作防护措施。

6. 在作业层外侧大横杆的下部，再增设一道大横杆，形成两道防护栏杆，并在底部增设一道挡脚板。

八、门洞

当脚手架需留门洞时，应视门洞宽度，采用断一根立杆或断二根立杆方式。

断一根立杆时，可将里外排脚手架中门洞两侧的立杆及上部大横杆改成双杆加强，同时在门洞两侧增加斜杆（八字杆），以利脚手架上部荷载向两侧传递。

断二根立杆时，可在门洞两侧立杆纵距及门洞上部步距内增加斜腹杆，使之成为两侧格构柱及上部水平桁架，以对门洞加强，并在门洞两侧增加八字斜杆。

九、斜道

1. 为便于作业人员上下脚手架和运输材料，应按要求搭设人行斜道或材料运输斜道。

2. 人行斜道宽度不小于 1m，坡度宜用 1:3，运料斜道宽度不小于 1.5m，坡度采用 1:6。

3. 拐弯处应设平台，其宽度不小于斜道宽度。通道及平台两侧按临边防护要求设防护栏杆及挡脚板。

4. 斜道脚手板横铺时，应在横向水平杆下增设纵向支托杆，间距不大于 500mm；脚手板顺铺时，接头采用搭接，下面的板头压住上面板头，板头高出部分采用三角木填顺。

5. 斜道脚手板上每隔 250 ~ 300mm 设置防滑条，防滑条厚度 20 ~ 30mm。

十、密目网封闭

1. 脚手架的外侧用密目网封闭，防止施工中物体打击和减少灰尘污染。

2. 双排脚手架在外排立杆的里侧挂网，安全网必须采用符合要求的系绳，将网边每隔 450mm（安全网环扣间隔）系牢在脚手管上。

3. 里脚手架施工，墙体外部搭单排防护架时，防护架与墙面空隙距离不大于 100mm，防护架应高出作业面 1.5m 以上。

4. 单排架兼作防护架时，因单排架距墙面空隙距离较大，所以需在单排架与墙面之间，封挂平网，防止落人落物。

第二节　搭设高度在 25~50m 之间

单排脚手架的搭设高度不应超过 24m，双排脚手架的搭设高度不应超过 50m，当施工需要搭设高度 50m 以上的脚手架时，必须单独进行设计。当双排脚手架搭设高度在 25~50m 之间时，应对脚手架所采用的杆件间距进行核算，并从构造上对脚手架整体稳定进行加强。

一、从构造上加强

1. 剪刀撑不但应沿脚手架高度连续设置，同时应沿纵向连续设置，中间不间断。

2. 增加横向斜撑。沿脚手架小横杆平面，在步距之间增设斜杆，沿脚手架横向平面的高度，呈之字型连续布置。除在脚手架拐角设置斜撑外，中间每隔 6 跨设置一道，遇作业层可临时拆除，但成非作业层时应及时补设。

3. 连墙杆不得采用柔性作法，应采用刚性连接，且随脚手架高度增加，缩小连墙杆的垂直间距，可改三步三跨为二步三跨，增加脚手架稳定性。

4. 脚手架高度超过 40m 时，应考虑风的涡流作用，采用连墙杆的同时，应采取下列措施，以抵抗风涡流的上升翻流。

二、改变杆件间距

1. 缩小立杆的跨度，增加脚手架承载能力。

2. 缩小立杆横距，减少脚手架宽度，同样可提高脚手架承载能力。

3. 减小大横杆步距，可提高脚手架的整体稳定性，当步距由 1.8m 减小到 1.2m 时，脚手架的承载能力可提高1/4。

4. 改单管立杆为双管立杆，提高脚手架承载力。立杆上部为单管，下部为双管，单管的高度不超过 24m，双管高度不低于 6m。

双立杆中的主立杆接长采用对接，附加立杆与主立杆采用搭接，搭接长度为一个步距。在搭接步距内增加 3 个回转扣件，以利于由单立杆向双立杆传力过渡，使交接步距以下的双立杆部分每根立杆承受上部荷载的 1/2。

三、必须保证扣件的紧固力矩

当扣件螺栓扭力矩为 30N·m 时，将比 40N·m 时的承载能力下降 20%。

第三节　搭设高度超过 50m 以上

考虑脚手架搭设的结构安全度受人为因素影响很大，高度越高，不安全的隐患越大。从安全和经济方面考虑，以及根据过去的实践经验，规定了立杆采用单管的落地脚手架搭设高度不宜超过50m。当需要搭设50m以上的脚手架时，可采用双管立杆、分段搭设、分段卸荷等方法，对脚手架及其基础单独进行设计计算。

一、双管立杆

单管立杆脚手架的稳定计算，一般计算底层立杆段。双管立杆脚手架的稳定性，主要验算双立杆变截面处及主立杆上部单根立杆的稳定性。同时必须保证连墙杆的垂直距离不超过建筑层高和每根连墙杆控制面积不大于27m^2。对脚手架的基础应单独设计。

二、分段搭设

1. 采用悬挑梁与建筑梁板锚固，另一端挑出建筑物。悬挑梁作为一个分段高度脚手架立杆的基础，其水平间距按脚手架立杆的跨度设置。在挑梁上焊制立杆底座（较ϕ48管内径小1~1.5mm管），将立杆插入底座中固定，其上部设置扫地杆，然后按一般脚手架方法搭设，并按规定与建筑物设置连墙杆。脚手架的分段高度可在20m左右，不应大于24m。

2. 也可采用悬挑架作为承托上部脚手架荷载。悬挑架应设计成刚性框架，不允许采用扣件连接的节点，节点必须采用焊接或螺栓连接，各杆件轴线汇交于一点。

三、分段卸荷

将脚手架全高分成若干高度段，通过钢丝绳与建筑物进行吊拉，将脚手架部分荷载卸给建筑结构承担。

1. 脚手架分段高度以在12~18m为宜，不超过20m；

2. 钢丝绳吊点水平间距以3跨为宜；

3. 斜拉钢丝绳的水平夹角越大，其拉力及水平分力越小，故与建筑物连接点应尽量向高处选择（大于两层），以使水平夹角 $tg\alpha \geqslant 5$ 为宜；

4. 吊点必须选在立杆、大横杆、小横杆交点处，钢丝绳绕过大横杆底部兜紧；

5. 吊点处设两根小横杆顶墙承受水平分力，其中一根与立杆扣紧，另一根与大横杆扣紧；

6. 斜拉钢丝绳各吊点之间应同步受力，用手拉葫芦拉紧，避免产生脚手架受力后变形不一。

7. 脚手架吊点处应按验算结果进行加固，防止滑动。

四、从构造上进行加强

1. 按照搭设 25～50m 高度脚手架构造上加强的作法进行加强。

2. 为抵抗风荷载的影响，除增设抗风涡流上翻措施外，并适当（每隔 5 层）增加水平斜撑，即在大横杆与小横杆平面内，按立杆纵距增加斜杆，沿脚手架纵向形成之字形，同时对脚手架的角部进行加强，增强风荷载作用下脚手架的整体稳定性。

第四节　影响脚手架承载力的因素

通过对脚手架荷载试验，主要影响脚手架承载能力的因素有以下几项：

1. 脚手架主要失稳表现在整体失稳，一般情况局部稳定大于整体稳定；

2. 脚手架的纵向刚度远大于横向刚度，故脚手架失稳主要发生在横向。施工中除应按规定设置小横杆外，高度超过 24m 的脚手架还应增设横向斜撑；横向斜撑应沿脚手架高度呈之字形设置；

3. 设置连墙杆是脚手架稳定的关键，不但应使连墙杆强度可靠，同时还应尽量缩小连墙杆的竖向间距，当间距由3.6m增加到7.2m时，脚手架承载能力将降低33%；

4. 不要随意加大步距，否则将加大立杆的长细比，当步距由1.2m增加到1.8m时，脚手架的承载能力下降26%；

5. 施工中必须保证扣件螺栓的拧紧度，螺栓扭力矩应在40～50N·m之间，当扣件螺栓扭力矩仅为30N·m时，脚手架承载力下降20%；

6. 必须保证脚手架立杆基础的可靠性，否则将造成脚手架整体失稳。

第二篇 设计计算

第一章 概 述

一、近似分析

双排脚手架就像一个空间框架结构，立杆就像柱，水平杆就是梁，荷载通过节点传递到梁、柱，最后到基础，惟一不同的是这个框架结构的“梁”和“柱”都不在一个平面上，因为它们是通过扣件连接的。

扣件连接不单使立杆形成偏心、受压，同时由于扣件连接并不属于刚性连接，受力后杆件的夹角会产生变化，所以不同于框架的刚性节点。但是由于设置了剪刀撑、斜撑和连墙杆，从而限制了脚手架各个方向的侧向位移，因此可以近似的按无侧移多层刚架进行力学分析。

二、简化计算

从脚手架试验看，脚手架的破坏并不是由于杆件的强度不足，而主要是脚手架的失稳造成。脚手架的失稳形式有两种可能，一种是整体失稳，一种是局部失稳。

整体失稳破坏时，主要发生在横向，即垂直于墙面方向，立杆弯曲状况与步距及连墙杆的垂直距离有关（整体失稳是脚手架的主要破坏形式）。

局部失稳破坏时，主要发生在杆件间距、步距、连墙杆垂直距离较大处，由于间距的不均匀，造成局部荷载高于整体荷载（一般情况局部稳定大于整体稳定）。

同时可以看出，脚手架立杆受压失稳是脚手架的主要危险。

为简化脚手架的计算，通过试验和计算给出一定的计算系数列出计算表达式，将脚手架的整体稳定计算，简化为单根立杆的稳定计算。虽然在表达形式上是对单根立杆的稳定计算，但实质上是对脚手架结构的整体稳定计算，因为通过计算系数已把结构的整体作用考虑在内。

第二章　有关力学知识

一、什么是强度

杆件的强度就是杆件能承受外界作用荷载能力的大小。要判断一根杆件强度是否能承受加于它的荷载，要看他最大的工作应力是否超过材料本身的允许应力值。例如一根短木杆，截面为 10mm × 20mm，若木材的受压极限强度为 3kN/cm^2，则这根短木杆就能承重 6kN（600kg）。当压力超过 6kN 后，由于应力（单位面积上的内力叫应力）超过了木材的强度极限而导致木杆破坏，所以短木杆的承载能力由强度条件决定。

我们可以用公式说明：$\sigma = \frac{N}{A} \leqslant [\sigma]$，式中 N 就是轴向压力；A 就是杆件的截面积；σ 就是在轴力 N 作用下杆件单位面积承受的力；$[\sigma]$ 就是材料的容计应力。如果把上面木杆的数值代入到公式中，即可计算出材料的应力：$\sigma = \frac{N}{A} = \frac{6000}{2} =$

$3000 \leqslant [\sigma] = 3kN/cm^2$。这个计算出的应力，应该小于给定的材料允许应力，否则就不安全。

二、什么是稳定

结构在外力作用下处于相对静止或平衡的状态就叫稳定，如果这种状态被破坏，就叫失稳。压杆丧失稳定,就是指杆件受压时,失去了保持直线形状的稳定平衡状态的能力。

还是刚才那根截面为10mm×20mm的木杆，只是木杆长度加长到1.4m，然后用手来压，当施加的压力不到100N（10kg）时，木杆已被压弯，如果继续压下去，木杆就会因弯曲过度而破坏。为什么这样两根截面相同的杆件，仅由于长短不同，能承受压力相差如此悬殊呢？这主要是由于杆件失稳造成的。

当细长的杆件受压时，虽然材料应力远未达到强度极限，但由于杆件轴线已弯曲，当弯曲过大时将导致破坏，这种现象就叫失稳，所以短杆的承载能力主要由强度条件决定，而长杆的承载能力主要由稳定条件决定。脚手架就是由许多细长的杆件组成的，所以脚手架的破坏形式主要是因变形失稳造成。

计算稳定的公式为：

$$\sigma = \frac{N}{A} \leqslant \varphi[\sigma] \text{ 或写成 } \quad \sigma = \frac{N}{\varphi A} \leqslant [\sigma] \qquad (1)$$

我们看出，和计算强度公式相比较多了一个“φ”,这个φ叫稳定系数,或叫折减系数,是个小于1的数。A是截面积，如果截面乘上一个小于1的数，就等于把截面减小了，杆件相应承载能力也就减小了。从公式中看出，稳定是先决条件，只有当$\varphi = 1$时，才与强度条件等同。

三、如何求得 φ 值

1. 计算杆件的稳定公式中，φ 值称为折减系数，对压杆进行稳定计算的方法称为折减系数法。折减系数 φ 是一个随λ（长细比）改变而变化的小于1的系数，为了求 φ 值，首先必须求出 λ 值。

2. “λ”称为压杆的长细比或称柔度。λ 值越大，表示压杆越细长，承载能力就越小，也就越容易失稳，因此 λ 是压杆稳定计算中的一个重要参数。临界荷载与压杆长度的平方成反比，如杆件长度为 l，临界荷载为 N；当杆件长度为 $2l$ 时，临界荷载为 $\frac{N}{(2l)^2}=\frac{N}{4l^2}$；若杆件长度加长到 $3l$ 时，此时杆件的临界荷载为 $\frac{N}{(3l)^2}=\frac{N}{9l^2}$，即只相当于杆件长度为 l 时的 $\frac{1}{9}$，由此可见，当杆件长细比加大时，压杆 承载能力会明显下降，导致失稳。我们搭设脚手架时，应该注意连墙杆的垂直距离及大横杆的步距不得随意加大，否则将造成脚手架立杆长细比加大，导致变形失稳。

3. λ 的计算公式为：

$$\lambda=\frac{l_0}{i}=\frac{\mu l}{i} \tag{2}$$

式中 λ——长细比；

l——杆件长度；

l_0——杆件计算长度；

i——单杆截面回转半径；

μ——单杆计算长度系数。

计算长度 $l_0=\mu l$，这个公式中表示了在计算压杆时，如

何取杆件的长度，因为杆件长度取值越大，其承载能力越低，所以如何取计算长度很重要，这里面关键是 μ 值这个长度系数如何取值。

4.μ 值与压杆两端约束形式（固定方式）有关，不同约束形式的压杆，在轴向力作用下变形结果也不同，在计算中，把同样长度（l）的压杆，按不同的约束形式采用 μ 值，换算成不同的计算长度（l_0）。

例如：两端铰支的压杆 $l_0 = l$；

一端固定、一端自由的压杆 $l_0 = 2l$；

一端固定、一端铰支的压杆 $l_0 = 0.7l$；

两端固定的压杆 $l_0 = 0.5l$。

把以上各种不同约束形式的压杆，用一个公式表示即：$l_0 = \mu l$（μ 为计算长度系数）

5. 举例：已给出脚手架条件，立杆跨度为 1.8m，大横杆步距为 1.8m，计算 φ 值。

(1) 先求 λ：

$$\lambda = \frac{l_0}{i} = \frac{\mu l}{i}$$

$\phi 48 \times 3.5$ 钢管 $i = 1.58$cm（查表 4）

$l = 1.8\text{m} = 180\text{cm}$（此时 l 即为一个步距 h）

$\mu = 0.77$（查计算手册，此时立杆段的两端与大横杆采用扣件连接。约束形式介于“两端固定”与“两端铰接”之间，计算长度系数介于 0.5～1.0 之间）

将数值代入公式

$$\lambda = \frac{\mu l}{i} = \frac{0.77 \times 180}{1.58} = 87.8$$

(2) 求 φ（查表 6）

当 $\lambda = 87.8$ 时，$\varphi = 0.675$

第三章　设计与计算方法

第一节　容许应力设计法

过去建筑结构的设计计算采用了容许应力法，其设计准则是，结构的工作应力不大于材料的容许应力。用公式表示为：$\sigma \leqslant [\sigma]$，$\sigma$ 为实际工作应力，$[\sigma]$ 为材料的容许应力，这两者之间应该有一个安全储备（即完全系数），写成公式为：$[\sigma] = \frac{\sigma}{K}$，式中 K 即为安全系数。例如在计算钢丝绳拉力时，$6 \times 19 + 1$ 规格的钢丝绳当直径为 12.5mm 时，其破断力为 73kN，当用做索具时 $K = 6$，此时允许拉力为 $\frac{73}{6} = 12.2$kN。由于应用简便，所以一直在建筑结构中采用，目前像水利工程、起重设备计算因荷载较复杂，仍然采用此计算方法。

容许应力法是把计算方面的诸多问题，用一个安全系数“K”来解决，虽然计算简便，但显然有不尽合理的因素，我们不能为了更加安全从而带来了材料的浪费。进行结构设计，“就是要在结构的可靠与经济这两者之间选择一种合理的平衡”。就像安全工作一样，世上没有绝对的安全，而是要在社会经济条件容许的情况下尽量做到的最大程度的安全，也就是人们可以接受的安全程度（可靠度、可靠概率），所以一方面要尽量做到结构安全，另一方面还要尽量发挥材料的作用。

第二节　概率极限状态设计法

一、什么是极限状态

极限状态就是当结构的整体或某一部分，超过了设计规定的要求时的状态。

极限状态设计法是我们现在脚手架采用的设计方法的全称。这种设计方法的优点是，可以使得所设计的结构中各类构件，具有大致相同的可靠度，因而可以在宏观上做到合理的利用材料（否则，结构的某一处先达到破坏，其他处强度再大也无意义，因为整个结构已不能使用）。这种方法80年代初在国际上已开始使用，80年代末我国也在许多范围进行修订使用。

所谓承载能力的极限状态，即结构或杆件发挥了允许的最大承载能力的状态。或虽然没达到最大承载能力，但由于过大的变形已不具备使用条件，也属于极限状态。

二、什么是概率计算法

这里讲概率计算，就是以结构的失效概率来确定结构的可靠程度。过去容许应力法采用了一个安全系数 K 来确定结构的可靠程度，所以也称单一系数法；现在极限状态法采用了多个分项系数，也称多系数法，把结构计算划分得更细、更合理，分别按不同情况，得出了不同的分项系数。这些分项系数是由统计概率方法进行确定的，他来自工程实践，所以具有实际意义。诸多的分项系数从不同方面对脚手架的计算进行修订后，使其材料得以充分发挥和结构更安全可靠。

这些系数都是结构在规定的时间内和规定的条件下，完成预定功能的概率（也即可靠度），所以这个计算方法的全称应该是“以概率理论为基础的极限状态设计法”。

三、在脚手架的计算中采用的分项系数呢

例如：结构重要性系数 $\gamma_0=0.9$，结构按重要性划分为三个等级，一级 $\gamma_0=1.1$，二级 $\gamma_0=1$，三级 $\gamma_0=0.9$。一级是最重要的结构，像公共建筑礼堂等建筑，一旦破坏，损失会特别严重，所以乘以 1.1 系数再加大设计荷载；而脚手架属临时性结构，又不像公共建筑那样破坏时损失特别严重，权衡之下作为三级较为合理，所以取 $\gamma_0=0.9$，这样一方面确保必要的安全性，另一方面又做到尽量发挥材料的应有作用。

如把荷载的作用效果按静荷载和动荷载进行划分并给以不同的分项系数。我们计算静荷载时，可以查得不同材料的自重，这些重量都属于“标准值”，还要考虑到脚手架的使用条件，所以使用时还要乘上一个分项系数 $\gamma_G=1.2$，成为静荷载的“设计值”；同样对于动荷载（包括施工荷载，风荷载）使用时也要乘上一个分项系数 $\gamma_Q=1.4$，变为动荷载的设计值。

但是由于脚手架的设计计算和研究工作立项实践短，缺乏系统的积累和统计资料，尚不具备独立进行概率分析的条件和自己的分项系数，而借用工程结构的分项系数。又考虑到脚手架的使用条件处于露天以及材料的重复使用，并不完全同于正式工程结构，故在采用了工程结构的分项系数之后，还要对脚手架的结构抗力进行再调整。因此，目前脚手架采用的设计方法,在实质上是属于半概率、半经验的计算方法。

四、什么是"标准值"与"设计值"?

所谓"标准值",就是在一般情况下使用的数值,本身不附加任何条件,可适用于各种设计条件。例如外径48mm、壁厚3.5mm的钢管,质量为3.84kg/m,木脚手板按50mm厚计算,质量为35kg/m^{2}等,以及施工荷载:砌筑架3kN/m^2,装修架2kN/m^{2}等都属于标准值,各种材料自重的标准值都可以通过查表找到(按1kg = 10N计算)。

所谓"设计值",就是在设计条件下的取值,使用标准值时再乘上一个分项系数。如计算自重,考虑到各种材料的匀质性及制作等差异就乘以1.2;如计算施工荷载或风荷载,考虑动荷载的变化情况就乘以1.4。这时的荷载数值已经加进了使用条件可靠度的要求,是在规定条件下采用的荷载数值,称为设计值。

第三节　钢材强度设计值

由于钢材的品种不同,如Q235钢、16Mn钢、15Mn钢等,其强度不一样。钢管脚手架钢材一般选用Q235钢制作,所以,钢材强度的标准值采用Q235钢的屈服强度。

一、钢材的屈服强度

钢材最适合承受拉力,当做拉力试验时,其受力大小与变形情况可以划分为四个阶段:

1. 比例阶段,也叫弹性阶段,拉伸的变形与拉力的大小是成正比的,在图上表现为一直线,如果将拉力去掉,变形也完全消失,就像皮筋一样,此时比例极限强度 σ_p = 200N/mm^2。

2. 屈服阶段，当应力超过弹性极限后，材料变形并不完全按照拉力的大小变化，有时拉力很小变形会显著增加，这时材料抵抗变形的能力开始减弱；屈服强度即指这一阶段的强度，一般取其下限值。

3. 强化阶段，过了屈服点之后，好像钢材抵抗变形能力又再恢复了，只有增加荷载时变形才增加，但变形速度加快，这时材料截面会有缩小，其所能承受的最大强度称为强度极限。

4. 缩颈阶段，应力达到极限之后，变形迅速增加，颈缩现象明显，材料应力迅速下降，再下去钢材被拉断。

钢材的屈服强度即第二阶段的强度值；Q235 钢屈服强度为 $\sigma_s = 240\mathrm{N/mm^2}$，即为钢材强度的标准值。

二、钢材强度的设计值

我们取 Q235 钢的屈服强度 $240\mathrm{N/mm^2}$ 为钢材强度的标准值，这只是对一般规格钢材而言。由于脚手架钢管规格为外径 $\phi 48$（$\phi 51$）mm、壁厚 3.5mm，这种材料规格比例已经符合冷弯薄壁型钢材的规定，所以要按照《冷弯薄壁型钢结构技术规范》的规定，再乘以分项系数 $\frac{1}{1.165}$，这样脚手架钢管材料的强度设计值为：$f = \frac{\sigma_s}{1.165} = \frac{240}{1.165} = 205\mathrm{N/mm^2}$（此时采用的数值已经考虑了一定的强度储备）。

第四节 结构抗力调整系数

所谓结构抗力，就是结构抵抗外力的能力，也即结构的承载力。考虑到脚手架的使用条件处于露天以及材料的重复使用，不完全同于正式工程结构的使用条件，故在采用了工程的分项系数之后，还要对脚手架的结构抗力乘以小于 1 的抗力调整系数 $\frac{1}{\gamma''_R}$。根据规定，在求得 γ''_R 值的过程中，必须同时满足用容许应力法校核的安全度（强度：$K \geqslant 1.5$，稳定：$K \geqslant 2$）。

第四章　设计计算

第一节　脚手架设计计算项目

1. 对脚手板、小横杆、大横杆等受弯杆件的强度计算，并验算受弯杆件的变形（$\leqslant l/150$ 及 10mm）和扣件的抗滑承载力计算；

2. 对立杆的稳定性计算；

3. 计算连墙杆的强度、稳定和连接强度；

4. 计算立杆地基的承载力。

第二节　荷　　载

一、荷载种类

作用在脚手架的荷载有以下几种：

1. 永久荷载（恒荷载）

(1) 脚手架结构自重，包括立杆、大横杆、小横杆剪刀撑、横向斜撑及扣件等材料自重；

(2) 构、配件自重，包括脚手板、护身栏杆、安全网等防护设施的自重。

2. 可变荷载（活荷载）

（1）施工荷载，包括作业层上的人员、器具、材料等自重；

（2）风荷载，不同高度、不同地区的脚手架，其风荷载也不同。

二、荷载标准值

1. 不变荷载

有关材料重力　　表1

材料名称	重力
钢管（$\phi48\times3.5$）	0.0384kN/m
钢管（$\phi51\times3.0$）	0.0355kN/m
扣件	0.0015kN/个
脚手板（木）	$0.35kN/m^2$
脚手板（钢）	$0.30kN/m^2$
挡脚板	0.08kN/m
栏杆＋挡脚板	0.14kN/m
密目网（$1.8m\times6m=3kg$）	$0.003kN/m^2$

2. 可变荷载

（1）施工荷载：装修脚手架——$2kN/m^2$

结构脚手架——$3kN/m^2$

（2）风荷载

作用于脚手架上的（水平）风荷载标准值 w_k，其计算公式为：

$$w_k=0.7\mu_z\cdot\mu_s\cdot w_o \tag{3}$$

式中　w_k——风荷载标准值（kN/m^2）；

μ_z——风压高度变化系数（按建筑结构荷载规范采用）；

μ_s——风荷载体型系数（按建筑结构荷载规范采用）；

w_0——基本风压（kN/m^2），不同地区基本风压不相同，可查建筑结构荷载规范采用。

三、荷载效应组合

设计脚手架时，应该计算脚手架在使用过程中，可能出现的各种荷载情况，并根据不同的荷载进行组合，最后取最大值进行计算。

1. 计算立杆的稳定：

（1）永久荷载＋施工荷载

（2）永久荷载＋0.85×（施工荷载＋风荷载）

计算立杆稳定时，其荷载取值分别按（1）和（2）两种情况进行，取其最大值。

荷载组合（2）中的0.85，是组合系数，因为当脚手架在既有施工荷载，又有风荷载的情况下，不会同时出现最大荷载，因为当风力大于5～6级时，脚手架上会停止作业；另一方面，脚手架的最上部风荷载最大，但脚手架最上部施工荷载及自重最小，所以当施工荷载与风荷载同时出现时，用0.85组合系数进行折减。

2. 计算连墙杆：

（1）风荷载＋3kN（单排架）

（2）风荷载＋5kN（双排架）

在计算连墙杆的强度时，除去考虑能承受连墙杆负责面积内风荷载外，还应再加上由于风荷载的影响，使脚手架侧移变形产生的水平力对连墙杆的作用，按每一根连墙杆计算，对于单排脚手架取3kN，对于双排脚手移位架产生的水平力取5kN。

第三节 受弯杆件计算

一、脚手板

脚手板上承重的均布荷载包括:脚手板自重及施工荷载。脚手板虽然是连续梁的受力形式,为考虑安全度大些,故按简支梁计算(“简支梁”就是只有一个跨度、且两端支座为铰接支承的梁,这种梁受力后,产生的弯曲比较大,但支座处弯矩为零。“连续梁”就是有多个跨度的梁,这种梁长度大,下面由多个支座支承,形成多跨连续梁,这种梁与简支梁相比,弯曲变形小,中间支座产生负弯矩,使用连续梁可以提高材料的利用率)。

二、小横杆

脚手板的荷载传递给小横杆,小横杆上承受的也是均布荷载,包括:脚手板自重、施工荷载及小横杆自重。

小横杆受力是简支梁形式,小横杆的支座就是双排脚手架里排与外排的大横杆,其跨度就是立杆横距(脚手架宽度)。如果双排脚手架宽度为 b,里排立杆距墙为500mm,则小横杆计算长度 = 脚手架宽(b) + 小横杆伸出外排大横杆部分(100mm) + 小横杆伸出里排大横杆部分(350mm)。此时小横杆距墙为150mm。脚手板沿脚手架宽铺满,并在伸向墙方向的小横杆上铺满脚手板(图4)。

三、大横杆

大横杆按三跨连续梁计算(大横杆长度一般为立杆的三个跨距,用垂直扣件与立杆固定),大横杆承受均布荷载与集中荷载,小横杆设置在大横杆上,小横杆搁置点位置即集中荷载位置,大横杆的自重为均布荷载。大横杆的支座就是立杆处固定的扣件,大横杆上的全部荷载通过扣件传递给立

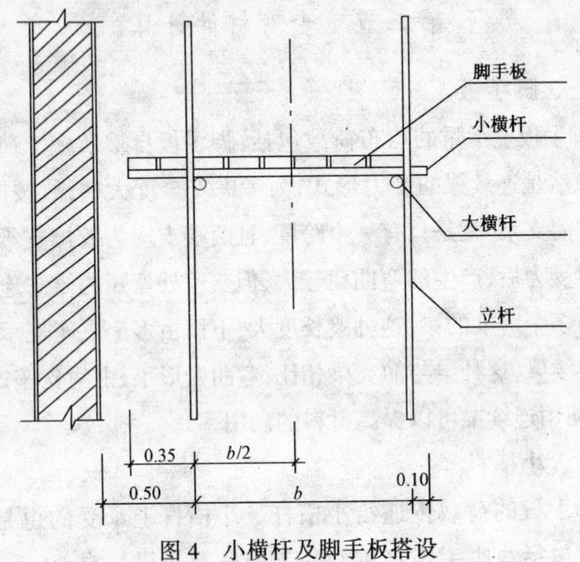

图 4　小横杆及脚手板搭设

杆，大横杆的跨度就是立杆的纵距。

四、对于脚手板，小横杆及大横杆的搭设和使用

当不超过规范规定的构造要求、杆件间距及施工荷载时，可不单独进行计算，实践中一般都能满足安全要求。当荷载或间距超过规定时，应进行验算其抗弯强度、刚度及扣件的抗滑移等。

五、计算公式

1. 抗弯强度计算公式：

$$\sigma = \frac{M}{W} \leqslant f \tag{4}$$

式中　f——钢材抗弯强度设计值（$f = 205\text{N/mm}^2$）；

W——材料截面模量（可查表 4）；

M——弯矩设计值，$M = 1.2M_{Gk} + 1.4M_{Qk}$；

M_{Gk}——自重标准值产生的弯矩；

M_{Qk}——施工荷载标准值产生的弯矩。

2. 挠度计算公式

小横杆按简支梁计算挠度$\leqslant l/150$和10mm

大横杆按三跨连续梁计算挠度$\leqslant l/150$和10mm

3. 支座处扣件抗滑应不超过8kN的承载力设计值。

第四节 立杆计算

一、计算的简化

1. 计算立杆不同于其他受弯杆件，由于脚手架局部立杆的稳定承载能力，高于立杆整体稳定承载能力，因此一般情况下，整体失稳是脚手架的主要破坏形式。

2. 脚手架立杆稳定计算，实际上是一个节点为半刚性的空间框架稳定计算，是一比较复杂的计算过程，必须进行简化计算，以便适于施工现场应用。

3. 把脚手架整体稳定的计算，简化为对单立杆稳定的计算。经过对原型脚手架的试验和计算，对不同的步距、不同垂直距离连墙杆的脚手架，给出不同的系数μ值，作为立杆的计算长度系数，以反映对脚手架整体稳定的影响，因此可以“将一个脚手架段视为一个轴心受压杆件来计算”，这样就大大简化了计算方法，这里讲的立杆计算，实质上是脚手架整体稳定的计算。

二、关于计算长度公式

计算长度公式采用

$$l_0 = k\mu h \tag{5}$$

1. 前面已经说过，为了求公式中 $\sigma = \frac{N}{\varphi A}$ 的 φ 值，必须先计算 λ，其计算公式为：$\lambda = \frac{l_0}{i} = \frac{\mu l}{i}$，而 $l_0 = \mu l$，式中 l_0 为单根立杆的计算长度，μ 为计算长度系数，l 为单根立杆的实际长度。而现在所要计算的虽然表面上还是利用单根立杆的公式，实质上计算的却是整体脚手架的稳定，所以公式中各符号代表的内容要重新认识。

2. 计算简图

（1）脚手架计算简图（脚手架全高 H）（图 5）。

（2）脚手架段计算简图(以连墙杆垂直距离为脚手架段的计算高度 H_1),计算最底层脚手架段,N 为上部荷载(图 6)。

（3）将脚手架计算简化为轴向受压的单根立杆的计算简图，单根立杆高度 h 为步距，N 为荷载轴向力（图 7）。

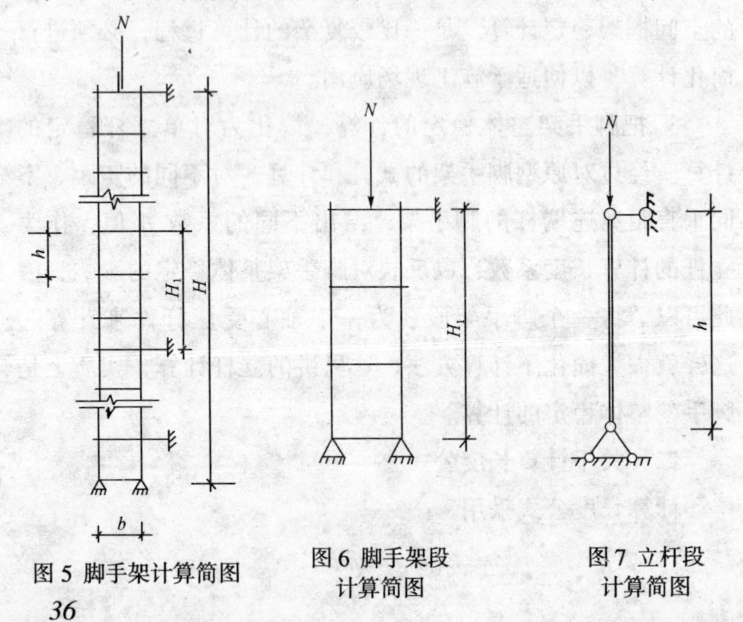

图 5 脚手架计算简图

图 6 脚手架段计算简图

图 7 立杆段计算简图

3. 改变了“μ”值。稳定性计算长度系数 μ 值，是通过对脚手架试验和计算后，重新的取值，已不再是单根立杆的轴心受压的变形状况，而是综合了各杆件影响脚手架整体失稳的各种因素，同时还包含了立杆在脚手架中实际为偏心受压的实际情况。所以 $l_0 = k\mu l$ 立杆稳定性计算公式，虽然在表达形式上是对单根立杆的稳定计算，但实质上是对脚手架结构的整体稳定计算，因为 μ 值是根据脚手架的整体稳定试验结果确定的。

4. 引进了“k”值。原公式表达形式为 $l_0 = \mu l$。现在计算公式为 $l_0 = k\mu l$，与原表达式比较多了一个“k”。其目的是为进一步简化脚手架设计计算的表达式。因此，计算长度公式为：

$$l_0 = k\mu h$$

式中 μ——考虑脚手架整体稳定的立杆计算长度系数（查表 5）；

h——此时立杆长度 l 即为脚手架步距 h；

k——计算长度附加系数。

引进 k 值可以达到简化以下两个计算程序：

（1）脚手架的设计表达式中不再出现结构抗力系数。

由于脚手架的材质是在露天使用及重复安装等使用条件下工作，不同于工程结构的使用条件，所以在采用了工程结构材质的抗力后，还需再乘以结构抗力分项系数进行调整，这样一来，在脚手架的设计计算公式中就会又多了一个抗力调整系数，使表达式趋于复杂。这里采用了 k 值后，把这一因素包含在内，不再于设计表达式中出现结构抗力系数，从而简化计算程序。

(2) 不再单独用容许应力法进行校核。

按照规定，脚手架按极限状态法计算之后，为确保脚手架的安全可靠性，还要再对其计算结果按容许应力法进行校核，满足：强度 $K_1 \geqslant 1.5$，稳定 $K_2 \geqslant 2$ 的要求。

当采用了 k 值后，由于 k 值的计算过程已经包含了这一因素，所以计算中简化了程序，不再单独用容许应力法进行校核。

第五章　计 算 例 题

第一节　计 算 公 式

一、轴心受压立杆稳定计算公式

$$\sigma = \frac{N}{\varphi A} \leqslant f \text{（不考虑风荷载）} \qquad (6)$$

式中　N——计算立杆段的轴向力设计值；

φ——轴心受压杆的稳定系数；

A——立杆的截面面积；

f——钢材抗压强度设计值（$f = 205\text{N/mm}^2$。）

二、分别计算各符号的值，然后代入公式

1. N 值的计算

(1) N 值是脚手架立杆段的竖向荷载，包括脚手架自重和施工荷载。计算脚手架立杆段时应计算受力最大的一段，一般就计算脚手架最底部的一段，因为脚手架全高的荷载都由上自下传到最底部立杆，最后到基础，这时计算的自重，就是脚手架全高的自重。

(2) 因为计算一根立杆承受的自重，而脚手架沿纵向有许多立杆组成许多跨（l），而一根立杆只承受一跨（l）自重，所以计算脚手架的一个立杆纵距内全高的自重。

(3) 自重是沿脚手架的全高计算，可分为两部分计算。一部分为平均分布的杆件，如立杆、大横杆、小横杆，这部分自重只计算出一个步距，然后按全高折合多少步距，乘上步距数就可以计算出脚手架全高的自重（N_{G_1k}）；

另一部分不是平均分布的杆件，如剪刀撑、脚手板、护身栏杆、安全网等，只在局部或只在双排脚手架的外排设置，所以这部分自重为跨度（l）乘以全高（H）范围内的自重（N_{G_2k}）。

(4) N 值包括的除去脚手架自重（$N_{G_1k}+N_{G_2k}$）外，还有施工荷载 N_{Qk}。施工荷载按不同类型的脚手架（结构架、装修架）分别取值，然后再看是同时施工的有几层，叠加在一起施工荷载即为 ΣN_{Qk}。

(5) 把计算出来的各标准值再乘分项系数后，N 值计算公式为：

$$N=1.2\left(N_{G_1k}+N_{G_2k}\right)+1.4\sum N_{Qk} \tag{7}$$

式中 N_{G_1k}——脚手架结构自重标准值产生的轴向力；

N_{G_2k}——构配件自重标准值产生的轴向力；

ΣN_{Qk}——施工荷载标准值产生的轴向力总和；

1.2——不变荷载分项系数；

1.4——可变荷载分项系数。

2. φ 值的计算

（1）首先计算出 λ，然后由 λ 值可以查表 6，求出 φ 值。

（2）
$$\lambda=\frac{l_0}{i}=\frac{k\mu h}{i} \tag{8}$$

式中 k——计算长度附加系数（取 $k=1.155$）；

μ——计算长度系数（查表 5）；

h——立杆步距；

i——立杆截面回转半径（查表 4）。

3. A 值计算

A 为计算立杆段的截面，单管立杆脚手架只计算一根立杆截面积，双管立杆脚手架计算底部时，按两根立杆截面积计算，计算上部单管立杆稳定时，仍按一根立杆截面积计算，A 值查计算用表 4。

第二节 例 题

条件：双排脚手架采用密目网全封闭，搭设高度 $H=40$m，立杆横距 b（架宽）$=1.3$m，立杆纵距 $l=1.5$m，大横杆步距 $h=1.5$m，铺木脚手板 4 层，同时施工 2 层，施工荷载 $Q_k=2\text{kN/m}^2$（装修架），连墙杆布置为两步三跨（$2h\times3l$），计算脚手架整体稳定。

一、求 N 值

1. N_{G_1k}（一步一纵距自重 × 全高）

（1）立杆。立杆长度为脚手架的步距 h，因脚手架为双排，所以还要乘以 2，再乘以每米长钢管重量就等于一步一纵距的立杆自重。

计算式：$2h\times$ 自重 $=2\times1.5\times0.0304=0.1152$kN。

(2) 大横杆。大横杆长度为脚手架立杆纵距 l，因脚手架里、外排各有一根大横杆，所以乘以 2，再乘以每米长的钢管质量。

计算式：$2l\times$ 自重 $=2\times1.5\times0.0384=0.1152\text{kN}$。

(3) 小横杆。脚手架每一纵距一步内只有一根小横杆，在立杆与大横杆的交点处。小横杆伸出外排杆 100mm，伸出里排杆 350mm，双排脚手架宽度为 b，里排立杆距墙 500mm。(图 4)

计算式：$0.1+b+0.35$

$=1\times(0.1+1.3+0.35)\times0.0384$

$=0.0672\text{kN}$

(4) 扣件。扣件个数为：一根小横杆上 2 个十立杆与大横杆交点处 1 个乘以 2（双排架）加上接长用扣件（立杆及大横杆按每 6m 长用一个对接扣件）（$h/6\times2+l/6\times2$），都加在一起即为扣件个数，再乘以每个扣件重量。

计算式：$[2+2+(h/6\times2+l/6\times2)]\times0.015$

$=(2+2+1)\times0.015=0.075\text{kN}$

(5) 合计每步距

$N_{G_1k}=0.1152+0.1152+0.0672+0.075=0.373\text{kN}$

(6) 脚手架全高 40m，折合 $\dfrac{H}{h}=\dfrac{40}{1.5}=27$ 步

所以 $N_{G_1k}=27\times0.373=10.07\text{kN}/2=5.035\text{kN}$。

(7) 以上计算的自重 10.07kN，因为是双排脚手架，是由里外两根立杆承重的，所以应将自重 10.07kN 除以 2，得出一根立杆承重的 N_{G_1k}（按里外立杆平均受力计）。

（8）N_{G_1k}的计算也可采用查表法（表 2）即为脚手架每米立杆的 N_{G_1k}，按照不同类型的脚手架，对照表 3 中每米立杆的自重，然后再乘脚手架全高，即可得出 N_{G_1k}值（表 2 中结构自重包括剪刀撑自重）。

2. N_{G_2k}（构配件全高—纵距自重）

（1）脚手板。脚手板按平方米计算，其长度即为立杆纵距 l，其宽度是沿脚手架宽度 b 满铺，另外还要加上小横杆向里伸出的 350mm 也应铺板（图 4），本例题要求铺 4 层，所以还要乘以 4。

计算式：$4\times(b+0.35)\times l\times0.35$

$=4\times(1.3+0.35)\times1.5\times0.35=3.465\text{kN}$

（2）小横杆及扣件。由于铺脚手板，所以还要在原有两根小横杆中间再加一根，同时还要增加 2 个扣件。

计算式：(4 层 × 小横杆长 × 钢管自重) + (4 层 × 2 个扣件 × 扣件自重) = $(4\times1.75\times0.0384)+(4\times2\times0.015)$

$=0.269\text{kN}+0.12\text{kN}$

（3）护栏及扣件。按照规定，作业层外排架临边防护为两道防护栏杆，原有一道大横杆，尚需再增加一根大横杆及一个扣件。

计算式：(2 个作业层 × l × 自重) + (2 层 × 1 个扣件 × 自重)

$=(2\times1.5\times0.0384)+(2\times1\times0.015)$

$=0.115\text{kN}+0.03\text{kN}$

（4）挡脚板。2 层作业层还应设置挡脚板，计算时用 2 层 × 立杆纵距 l × 挡脚板每 m 重。

计算式：$2\times1.5\times0.08\text{kN/m}=0.24\text{kN}$

（5）剪刀撑。剪刀撑按水平 6 跨、垂直 6 步一组设置，两杆交叉与地面呈 45°角。当按 45°角计算斜杆长度时，若立杆为 1，则斜杆即为$\sqrt{2}$，现在步距及纵距都是 1.5m，所以斜杆为$\sqrt{2}\times1.5$，因为是交叉两根杆，所以还要乘以 2。

又因为沿脚手架高度6 步距设有一组剪刀撑，脚手架全高 40m 折合 27 步，所以还要用 $27\div6$，才是脚手架在一纵距全高的剪刀撑所用钢管长度，再乘以钢管每米重量，最后加所用扣件。

计算式：$2根\times\sqrt{2}\times步距\ h\times\frac{27}{6}\times钢管自重+扣件重$

$$=2\times\sqrt{2}\times1.5\times\frac{27}{6}\times0.0384+10个\times0.015$$

$$=0.73\text{kN}+0.15\text{kN}$$

（6）密目网。密目网按 $1.8\text{m}\times6\text{m}$ 网每片重 3kg 计算，则

$$1.8\times6=10.8\text{m}^2=30\text{N}=0.003\text{kN/m}^2$$

（如果考虑密目网上存留的杂质而增加重量时，也可按 0.005kN/m^2 计）

计算式：$40\times1.5\times0.003=0.18\text{kN}$

（7）$N_{G_2k}=3.465+0.269+0.12+0.115+0.03+0.24+$

$$0.73+0.15+0.18=5.3\text{kN}$$

一根立杆的构配件自重 $N_{G_2k}=5.3/2=2.65\text{kN}$。

（脚手架结构及构配件自重，为计算方便，都按里外排立杆平均计）

3. N_{Qk}（施工荷载）

$$\sum Q_k=2\text{kN/m}^2\times2层=4\text{kN/m}^2$$

$$\sum N_{Qk}=1.5\times(1.30+0.35)\times4\text{kN/m}^2=9.9\text{kN}$$

一根立杆的施工荷载$\sum N_{Qk}=9.9/2=4.95\text{kN}$

4. 各值代入公式求 N

$$N=1.2\ (N_{G_1k}+N_{G_2k})\ +1.4\sum N_{Qk}$$
$$=1.2\times\ (5.035+2.65)\ +1.4\times 4.95$$
$$=9.228+6.93=16.16\text{kN}$$

二、求 A

$$A=\text{单根立根截面}=4.89\text{cm}^2\ (489\text{mm}^2)$$

三、求 φ

1. 先计算 λ

$$\lambda=\frac{l_0}{i}$$

$i=1.58\text{cm}$（查表 3）

$$l_0=k\mu h$$

$k=1.155$

$h=1.5\text{m}$（150cm）

$\mu=1.55$（查表 5，连墙杆按二步三跨）

$l_0=1.155\times 1.55\times 150=269$（cm）

$$\lambda=\frac{l_0}{i}=\frac{269}{1.58}=170$$

2. 查附表四求 φ

当 $\lambda=170$ 时，$\varphi=0.245$

从查表中可以看到，λ 值越小 φ 值越大，φ 值越大与公式 A 值乘积也越大，则脚手架承载能力大（当 φ 值为 1 时，承载能力最大）。但要想取得 λ 值最小，只有 μ 值小，也即只有当减小步距 h 或者缩小连墙杆竖向距离时，μ 值才会减小，当然，减小脚手架宽度 b 也会有同样效果。

四、将 N、φ、A 值代入公式

$$\frac{N}{\varphi A}=\frac{16160\text{N}}{0.245\times 489}=134\text{N/mm}^2\leqslant f=205\text{N/mm}^2 \text{（安全）}$$

通过以上稳定性计算，可以初步确定搭设 40m 高的装修架可以满足使用及安全要求。但若计算结果 $\sigma>f$，还要重新计算，可以通过以下措施以满足要求：

1. 减少 N 值。可以通过减小立杆纵距或减小立杆横距的措施；

2. 加大 φ 值。可以通过减小步距或减小连墙杆竖向间距的措施；

3. 加大 A 值。改单管立杆为双管立杆。

第三节　验算搭设高度

一、规范规定：第一，脚手架搭设高度不超过 50m；第二，当搭设高度等于或大于 26m 时，应按下列公式进行高度调整：

$$[H]=\frac{H_{\text{S}}}{1+0.001H_{\text{S}}}$$

式中　$[H]$——脚手架允许搭设高度（m）；

H_{S}——理论计算的搭设高度（m）。

当不组合风荷载时：

$$H_{\text{s}}=\frac{\varphi Af-(1.2N_{\text{G}_2\text{k}}+1.4\sum N_{\text{Qk}})}{1.2g_{\text{k}}}$$

式中　g_{k}——每米立杆承受的结构自重标准值（kN/m）可查表 3。

二、用公式校核

$$H_s = \frac{0.245 \times 489 \times 205 - (1.2 \times 2650 + 1.4 \times 4950)}{1.2 \times 139.4}$$

$$= 86\text{m}$$

$$[H] = \frac{86}{1 + 0.001 \times 86} = 85\text{m} > 40\text{m}$$（满足要求）

三、结　语

从以上验算可以看出，对其计算结果调整不大，因为调整幅度是随脚手架高度增加而增加的，由于规范已限定了脚手架搭设高度不超过50m,故一般情况校核调整幅度很小。

第六章　关于风荷载

第一节　计算公式

1.风荷载作用于脚手架上主要表现为水平均布荷载，如果把脚手架放平，则脚手架就形成了一根多跨连续梁，连续梁的支座就是脚手架的连墙杆，风荷载就是作用在连续梁上的均布荷载，取一个脚手架段计算，实际上就相当于计算一根简支梁。如果连墙杆按三步三跨布置，计算这一脚手架段中的立杆时，因为有大横杆、小横杆的作用，虽然没有完全对立杆形成固定支座（只是弹性约束），但仍然有限制立杆侧面变形作用，所以对于一个步距的立杆的计算，其变形介于简支梁与三跨连续梁之间。

2.前面在计算立杆稳定（或称脚手架整体稳定）时，没有考虑风荷载对脚手架的影响，其计算公式为：$\frac{N}{\varphi A} \leqslant f$；

若考虑风荷载影响时，其计算式为：$\frac{N}{\varphi A}+\frac{M_{\mathrm{w}}}{W}\leqslant f$，公式中后半部分就是风荷载的影响。前半部分是竖向荷载，主要是脚手架自重及施工荷载，后半部分是水平荷载，主要是风荷载，把两部分的荷载叠加，即脚手架计算稳定组合风荷载时的计算公式。

3. 单看公式后半部分 $\sigma=\frac{M}{W}$，其实就是计算一根梁的抗弯能力的计算公式，式中"M"即为梁在均布荷载下产生的最大弯矩。"W"即为梁截面的抵抗矩，也叫截面抗弯系数或截面抗弯模量，他是反映材料截面对受弯曲变形时的强度影响，W 值越大，梁的抗弯能力越强，与压杆计算公式 $\sigma=\frac{N}{\varphi A}$中的 A 一样，A 值越大，承载能力也越大。

第二节　计　算　M_{w}

1. 计算风荷载对脚手架产生的弯曲应力公式为 $\sigma_{\mathrm{w}}=\frac{M_{\mathrm{w}}}{W}$，式中 W 值可以查表 4 求出，M_{w} 值是由风荷载产生的弯矩，通过计算求出。

（1）我们知道，均布荷载下简支梁的弯矩 $M=\frac{ql^2}{8}$，三跨连续梁边跨弯矩 $M\approx\frac{ql^2}{12}$，如果偏于安全取弯矩介于简支梁与连续梁之间的值可近似取 $M_{\mathrm{w}}=\frac{ql^2}{10}$。

（2）公式中 q 为梁上均布荷载，l 为梁的跨度。因为计算单立杆，所以这里的 $l=h$（步距）。

将 q 改用q_{wk}符号——风线荷载标准值（kN/m），

$$M_w = 1.4M_{wk} = \frac{1.4ql^2}{10} = \frac{1.4q_{wk}\cdot h^2}{10}$$

式中 M_w——风荷载设计值产生的弯矩；

M_{wk}——风荷载标准值产生的弯矩；

q_{wk}——风线荷载标准值，$q_{wk} = w_k\cdot l$；

w_k——垂直于脚手架表面的风荷载标准值(kN/m²)；

l——脚手架的立杆纵距。

（w_k 的单位是 kN/m²，再乘以 l 单位是 m，则 q_{wk}计算结果单位是 kN/m，即为线荷载，是沿立杆高度的均布荷载）。

(3) 计算 w_k 风荷载标准值按下式：

$$w_k = 0.7\mu_s\cdot\mu_2\cdot w_0$$

这个公式在前面第四章第二节中已出现过，他就是可变荷载中的风荷载，是标准值，使用时还要乘 1.4 分项系数。

1）0.7——折减系数。

因为地区的基本风压是荷载规范中为建筑物计算风荷载的使用值，是按每 30 年一遇 10m 高的风压数值。而我们计算的脚手架是属于临时性结构，使用期限最多 5 年一般不超过 3 年，所以乘一个折减系数。

2）w_0——基本风压。

风压取决于风速，风速的大小又受高度、地貌等条件的影响，荷载规范规定的基本风压是按离地面 10m 高、30 年一遇、10 分钟平均最大风速为标准，不同地区其值也不同。计算时按《建筑结构荷载规范》（GBJ 9—87）的最大风压分布图采用。

3）μ_s——体型系数

脚手架往往与建筑物同时受风影响，当建筑物墙体已砌筑完成，则脚手架主要来自前面的风荷载；当建筑物为框架或有开洞时，脚手架还同时受后面风荷载的影响。

当建筑物墙体已砌完——$\mu_s = 1.0\varphi$

当建筑物为框架或有开洞——$\mu_s = 1.3\varphi$

$$\varphi\text{——脚手架挡风系数} = \frac{\text{挡风面积}}{\text{迎风面积}}$$

“迎风面积”是指总面积，“挡风面积”是指风不能透过而被阻挡处的面积。例如安全网，网的迎风面积为网的高×宽全部封闭的面积，而网的挡风面积为网绳所占有的面积，网目中风可以通过不被阻挡所以不应计算。如果计算密目式安全网的挡风系数，可以近似按 $\varphi = 0.4$ 计算，即网绳占40%，网目占60%，网绳+网目=迎风面积（即安全网的总面积）。

4）μ_z——风压高度变化系数（按荷载规范采用，摘要如表2）

风压高度变化系数 **表2**

高　度	海岸（A类）	郊区（B类）	市区（C类）
5m	1.17	0.80	0.54
10m	1.38	1.00	0.71
20m	1.63	1.25	0.94
30m	1.80	1.42	1.11
40m	1.92	1.56	1.24
50m	2.03	1.67	1.36

第三节　计算风荷载

一、计算由风荷载产的应力

风荷载产生的弯曲应力 $\sigma_w = \frac{M_w}{W}$，与轴力 N 产生的应力 $\sigma = \frac{N}{\varphi A}$ 叠加，其结果应小于强度设计值 f 为安全。即计算公式：

$$\frac{N}{\varphi A} + \frac{M_w}{W} \leq f \tag{9}$$

1. 计算 N 值

组合风荷载时，N 值的计算公式为：

$$N = 1.2\left(N_{G_1k} + N_{G_2k}\right) + 0.85 \times 1.4 \sum N_{Qk}$$

此时的 N 值由于可变荷载中不单是施工荷载，而是施工荷载 + 风荷载，所以要乘以组合系数 0.85。

2. 计算 M_w

M_w是由风荷载设计值在立杆段产生的弯矩，其计算公式为：

$$M_w = 0.85 \times 1.4 M_{wk} \tag{10}$$

M_{wk}为风荷载标准值产生的弯矩，乘以 1.4 分项系数后，即为设计值，因为风荷载是可变荷载的一部分，另外还包括施工荷载，所以也要乘 0.85。

因为

$$M_{wk} = \frac{q_{wk} \cdot h^2}{10} = \frac{w_k \cdot l \cdot h^2}{10} \tag{11}$$

所以

$$M_w = \frac{0.85 \times 1.4 w_k l h^2}{10} \tag{12}$$

式中　w_k——风荷载标准值（$w_k = 0.7\mu_s \mu_z w_0$）；

l——立杆纵距；

h——大横杆步距。

二、验算搭设高度

按照规定，当搭设高度等于或大于 26m 时，应按下列公式进行高度调整（组合风荷载）

$$[H]=\frac{H_s}{1+0.001H_s} \tag{13}$$

$$H_s=\frac{\varphi Af-\left[1.2N_{G_2k}+0.85\times1.4\left(\sum N_{Qk}+\frac{M_{wk}}{W}\varphi A\right)\right]}{1.2g_k} \tag{14}$$

应当注意，组合风荷载时 H_s 与不组合风荷载时 H_s 的计算公式不同，应分别选用。

三、计算连墙杆

风荷载对脚手架产生的水平力，由连墙杆传递给建筑物承担，所以还要验算连墙杆的强度（包括连接强度）能否可靠传递，以满足风荷载要求。

1. 首先计算一个连墙杆负责多大面积的脚手架，即用连墙杆水平间距乘以垂直间距，也即一个连墙杆负责的面积。

2. 再用计算的面积乘以 w_k（风荷载标准值）乘以 1.4（可变荷载分项系数）等于一个连墙杆的风荷载设计值。

3. 在求出一个连墙杆风荷载的轴向力 N_l（kN）后，还应考虑脚手架在风荷载影响下，本身产生的位移水平力 N_0 对连墙杆的影响。

4. 连墙杆的轴向力设计值按下式计算：

$$N_l = N_{lw} + N_0 \quad (15)$$

式中 N_l——连墙杆轴向力设计值（kN）；

N_{lw}——风荷载产生的连墙杆轴向力设计值；

$N_{lw} = 1.4 \cdot w_k \cdot A_w$（$A_w$——每个连墙杆负责面积）

(16)

N_0——连墙杆约束脚手架平面外变形所产生的轴向力（kN），单排架取3，双排架取5。

5. 验算连墙杆的连接强度

如果每一连墙杆上有两个扣件进行连接，每个扣件（直角扣件或旋转扣件）抗滑移能力的设计值为8kN。这样每个连墙杆轴向力不应大于2×8kN，否则应对连墙杆采取加强措施，满足抗滑移能力要求。

第四节 计算例题

按第二节例题条件计算。

一、计算轴力 N 产生的应力$\frac{N}{\varphi A}$

$$N = 1.2\left(N_{G_1k} + N_{G_2k}\right) + 0.85 \times 1.4 \sum N_{Qk}$$

$$= 1.2 \times (5.035 + 2.65) + 0.85 \times 1.4 \times 4.95$$

$$= 9.222 + 5.891 = 15.11\text{kN}$$

$$\frac{N}{\varphi A} = \frac{15110}{0.245 \times 489} = 126\text{N/mm}^2$$

二、计算风荷载产生的应力$\frac{M_w}{W}$

$$M_w = \frac{0.85 \times 1.4 w_k \cdot l \cdot h^2}{10}$$

$$w_k = 0.7 \cdot \mu_s \cdot \mu_z \cdot w_0$$

1. μ_s（体型系数），本例题按框架 $\mu_s = 1.3\varphi$

φ（挡风系数），本例题密目网封闭 $\varphi = 0.4$

则 $\mu_s = 1.3\varphi = 1.3 \times 0.4 = 0.52$

2. μ_z（风压高度变化系数），按郊区（B类），5m高取值（因为前面例题计算最底部立杆段）查表2，得 $\mu_z = 0.80$

3. w_0（基本风压），本例题按天津地区查规范取 $0.40kN/m^2$ 将以上值代入公式：

$w_k = 0.7 \times 0.52 \times 0.80 \times 0.40 = 0.117kN/m^2$

l（脚手架立杆纵距）$= 1.5m$

h（步距）$= 1.5m$

所以 $M_w = \dfrac{0.85 \times 1.4 \times 0.117 \times 1.5 \times 1.5^2}{10}$

$= 0.047kN \cdot m = 47000N \cdot mm$

$\dfrac{M_w}{W} = \dfrac{47000}{5080} = 9.25N/mm^2$（$W = 5.08cm^3$）

三、立杆轴力与风荷载叠加

$\dfrac{N}{\varphi A} + \dfrac{M_w}{W} = 126 + 9.25 = 152 < 205N/mm^2$（安全）

四、验算搭设高度

$$H_S = \frac{\varphi Af - \left[1.2N_{G_2k} + 0.85 \times 1.4\left(\sum N_{Qk} + \frac{M_{wk}}{W}\varphi A\right)\right]}{1.2g_k}$$

$$= \frac{0.245 \times 489 \times 205 - \left[1.2 \times 2650 + 0.85 \times 1.4 \times \left(4950 + \frac{39500}{5080} \times 0.245 \times 489\right)\right]}{1.2 \times 139.4}$$

$= 86m$

$$[H]=\frac{H_S}{1+0.001H_S}$$

$$=\frac{86}{1+0.001\times86}=85m>40m$$（满足要求）

五、验算连墙杆

1. 风荷载作用于每个连墙杆的轴向力：

$$N_l=1.4\cdot w_k\cdot A_w+N_0$$

$$w_k=0.7\mu_s\cdot\mu_z\cdot w_0$$

（计算连墙杆按最不利情况计算，脚手架越高，μ_z 值越大，本脚手架为40m高，此时 μ_z 应取40m高处，$\mu_z=1.56$）

$$w_k=0.7\times0.52\times1.56\times0.40$$

$$=0.227kN/m^2$$

2. $A_w=2h\times3l=3\times4.5=13.5m^2$

3. N_0——双排架取5kN

所以 $N_l=1.4\times0.227\times13.5+5$

$=9.29kN<2\times8kN$（2个扣件抗滑移值）

六、小结

通过对例题的计算可以看出，采用扣件式钢管脚手架，搭设一个高度40m的双排装修架，用单管做立杆，架宽1.3m，立杆纵距1.5m，大横杆步距1.5m，连墙杆按两步三跨布置，同时施工两层的情况，当搭设符合构造和质量要求时（因为脚手架的整体稳定是靠计算结果和构造质量两个方面来保障的），一般可以满足安全和使用要求。在基本风压为0.4kN/m² 地区使用，经验算，风荷载对其影响不大，只要按照规定设置连墙杆，脚手架整体稳定可得到保障。

第七章　地基与基础的计算

脚手架荷载通过立杆传给底座、木垫板最后传递到地基。作用于地基表面单位面积上的压力称为基底压力，基底压力应小于地基的容许承载力。所以基础设计中，首先应确定地基容许承载能力，根据地基承载能力便可以确定基础的底面尺寸。

一、地基容许承载力

确定地基容许承载力可以根据地基土的种类及其物理状态指标（如密实度、含水量、孔隙比等）确定。地基承载力设计值按下式计算：

$$f = k \cdot f_k \tag{17}$$

式中　f——地基承载能力设计值（kN/m^2）；

f_k——地基承载能力标准值（按《建筑地基基础设计规范》（GBJ7）采用）；

k——调整系数（碎石、砂土、回填土……取 0.4，粘土……取 0.5，岩口、混凝土……取 1.0）

二、基础底面的平均压力

根据基础上作用的荷载和地基容许承载力，进行基础底面尺寸的计算。一般可按照现场条件初步选择基础底面尺寸，然后计算地基承载能力，再根据地基承载力校核基础底面尺寸。

立杆基础底面的平均压力应满足下式要求：

$$P = \frac{N}{A} \leqslant f$$

式中 N——脚手架立杆传至基础顶面的轴向力设计值；

A——基础底面面积；

P——立杆基础底面的平均压力设计值；

f——地基承载力设计值。

第八章 双管立杆脚手架

当脚手架搭设高度接近或超过 50m 时，可采用双立杆进行加强，以增加脚手架的整体稳定性。下面计算双立杆脚手架例题：

条件：搭设高度 $H = 50m$

立杆纵距 $l = 1.5m$

大横杆步距 $h = 1.8m$

立杆横距（架宽）$b = 1.3m$

连墙杆设置按 2 步 3 跨

密目网全封闭

铺木脚手板 4 层，同时施工 2 层

施工荷载 $Q_k = 2kN/m^2$（装修架）计算

一、选择双立杆高度

1. 可以先按前题计算出单立杆允许搭设的高度（不应大于 30m），然后再用 50m 全高减去单立杆允许高度，剩下高度按双立杆搭设；

2. 也可以采用先假设一个双立杆的高度，（一般按单立杆不大于 24m 为宜，最大不超过 30m）上部为单立杆下部为双立杆，进行验算是否满足稳定要求，当不能满足时重新改变条件验算，直到满足要求。

3. 本例题采用第二种方法。

为加强脚手架，下部 20m 采用双立杆。脚手架全高 50m，步距 1.8m，双杆：11 步 ×1.8m = 19.8m，单杆：17 步 ×1.8m = 30.6m。

二、验算脚手架整体稳定

1. 求 N 值（验算最底部压杆轴力）

（1）N_{G_1k}

一步一纵距	单立杆	双立杆
立杆 2×1.8×0.0384	=0.138	×2=0.276
大横杆 2×1.5×0.0384	=0.115	=0.115
小横杆（1.3+0.1+0.35）×0.0384	=0.067	=0.067
扣　件 5×0.015	=0.075	7.5×0.015=0.113
小　　计	0.395	0.571
合计 N_{G_1k} = 17 步 ×0.395	=6.715	11 步 ×0.571=6.281

单杆 + 双杆 = 6.715 + 6.281 = 13kN（里排 + 外排）

$$N_{G_1k}\text{（单排）}=\frac{13}{2}\text{kN}$$

（2）N_{G_2k}

脚手板：4 层×（1.3+0.35）×1.5×0.35=3.465kN

小横杆 + 扣件：4 层×（1.75×0.0384+2×0.015）

=0.389kN

护栏 + 扣件：2 层×（1.5×0.0384+0.015）

=0.145kN

挡脚板：2 层×1.5×0.080=0.24kN

剪刀撑 + 扣件：$2\times\sqrt{2}\times1.8\times\frac{28}{5}\times0.0384+10\times0.015$

$= 1.24\text{kN}$

密目网：$50\text{m} \times 1.5 \times 0.003 = 0.225\text{kN}$

合计 $N_{G_2k} = 3.465 + 0.389 + 0.145 + 0.24 + 1.24 + 0.225 =$

5.70kN（里排 + 外排）

N_{G_2k}（单排）$= \frac{5.7}{2}\text{kN}$

(3) $\sum N_{Qk}$

$\sum Q_k = 2\text{kN/m}^2 \times 2$ 层 $= 4\text{kN/m}^2$

$\sum N_{Qk} = 4 \times 1.5 \times (1.3 + 0.35)$

$= 9.9\text{kN}$（里排 + 外排）

$\sum N_{Qk}$（单排）$= \frac{9.9}{2}\text{kN}$

(4) 代入公式计算 N 值

$$N = 1.2 \times \left(\frac{13}{2} + \frac{5.7}{2}\right) + 1.4 \times \frac{9.9}{2} = 18.15\text{kN}$$

2. 求 A

A = 最底部里排（或外排）立杆截面，为双管

$= 2 \times 489 = 978\text{mm}^2$

3. 求 φ

(1) $\lambda = \frac{l_0}{i}$

$l_0 = k\mu h = 1.155 \times 1.55 \times 180 = 322\text{cm}$

$$\lambda = \frac{322}{1.58} = 204$$

(2) 查表 6

$\lambda = 204 \qquad \varphi = 0.174$

4. 验算稳定

$$\frac{N}{\varphi A}=\frac{18150}{0.174\times 978}=107\text{N/mm}^2<205\text{N/mm}^2$$

验算可以看出，当搭设双管立杆脚手架时，可不必验算整体稳定，应该主要验算局部稳定。

三、验算单管立杆局部稳定

由于脚手架下部为双杆，上部为单杆，所以应该验算局部薄弱处，即单杆与双杆交接处的稳定（单杆脚手架最底部，单立杆的承载能力。）最底部立杆有里排立杆及外排立杆，外排立杆虽有剪刀撑、护栏、挡脚板及安全网自重荷载，但与里排立杆相比较还是里排立杆荷载大。因为小横杆向里排伸出 350mm，脚手板要满铺，施工荷载的施加面积也相应增大，如将脚手架横距 b 从中间划分后，里排立杆承受 $\frac{b}{2}+0.35=1\text{m}$ 宽（图 4），所以里排立杆最不利，作业层对里排立杆产生的应力偏大，故局部稳定应验算单杆脚手架最底部的里排立杆，其验算公式为：$\frac{N}{\varphi A}\leqslant f$。

1. 求 N

(1) N_{G_1k}

单排立杆 $=1.8\times 0.0384$	$=0.069$
大横杆 $=1.5\times 0.0384$	$=0.058$
小横杆 $=1.0\times 0.0384$	$=0.0384$
扣件 $=2\times 0.015$	$=0.03$
N_{G_1k}（一步一纵距）	$=0.195\text{kN}$
N_{G_1k}（17 步 $\times 0.195$）	$=3.315\text{kN}$

（2）N_{G_2k}

里排立杆只承受脚手板及其荷载，无剪刀撑、护栏、挡脚板及安全网等自重荷载。按 4 层脚手板全部铺在 17 步单立杆脚手架内验算。

脚手板 $= 4$ 层 $\times 1.00 \times 1.50 \times 0.35 = 2.1\text{kN}$

小横杆 + 扣件 $= 4$ 层 $\times$（$1.00 \times 0.0384 + 0.015$）

$= 0.21\text{kN}$

$N_{G_2k} = 2.1 + 0.21 = 2.31\text{kN}$

（3）$\sum N_{Qk}$

$\sum N_{Qk} = 2\text{kN/m}^2 \times 2$ 层 $\times 1.00 \times 1.50 = 6\text{kN}$

（4）代入公式

$N = 1.2 \times (3.315 + 2.31) + 1.4 \times 6 = 15.16\text{kN}$

2. 求 φ

（1）单杆 $\lambda = \dfrac{l_0}{i}$

$l_0 = k\mu l$（$\mu = 1.55$　查表 5）

$= 1.155 \times 1.55 \times 180 = 322\text{cm}$

$$\lambda = \frac{322}{1.58} = 204$$

（2）查表 6 求 φ

$\lambda = 204$　$\varphi = 0.174$

3. 求 A

A（单立杆）$= 489\text{mm}^2$

4. 验算

$$\frac{N}{\varphi A} = \frac{15.16 \times 10^3}{0.174 \times 489} = 178 < 205\text{kN/mm}^2$$（安全）

5. 应说明的问题：

（1）以上计算还没进行组合风荷载的验算，应组合风荷载验算后确定；

（2）以上计算里排立杆稳定时，没考虑因作业层处施工荷载大横杆对立杆偏心传力产生的附加应力。

因为规范将立杆偏心作用分析为：只在作业层下面邻近的步距内，里排与外排立杆分担的施工荷载不相同，但随荷载向下传递过程而重新分配，逐渐使里排与外排立杆均匀分担施工荷载，从试验与计算结果表明，按偏心与按轴心计算相差在5.6%以下。

（3）此例题大横杆步距1.8m偏大，可以缩小步距为1.5m以增加立杆的稳定性。

第九章 计算公式汇总及计算用表

第一节 计算公式汇总

一、计算立杆的整体稳定

1. 不组合风荷载时：$\frac{N}{\varphi A}\leqslant f$

式中 φ——折减系数（稳定系数）；

A——立杆截面；

f——钢材抗压强度（设计值）205N/mm²；

N——计算立杆段轴向力（设计值）。

（1）计算 N 值：

$N=1.2\ (N_{G_1k}+N_{G_2k})\ +1.4\sum N_{Qk}$

式中　1.2——自重荷载分项系数；

1.4——施工荷载分项系数；

N_{G_1k}——结构自重（标准值）产生的轴向力；

N_{G_2k}——构配件自重（标准值）产生的轴向力；

$\sum N_{Qk}$——各层施工荷载（标准值）总和产生的轴向力。

（2）计算 φ 值：

此处 φ 值为轴心受压杆件的稳定系数，应根据长细比 λ 从表中 6 查得

$$\lambda = \frac{l_0}{i} = \frac{k\mu l}{i}$$

式中　i——截面回转半径（ϕ48 管　$i = 1.58$cm）；

l_0——立杆段计算长度；

l——立杆段的长度（按步距 h）；

μ——立杆计算长度系数（考虑脚手架整体稳定因素）查表 5；

k——计算长度附加系数取 1.155。

（3）计算 A 值：

A 值为计算立杆段的截面面积

单立杆 $\phi48 \times 3.5 = 4.89\text{cm}^2$

双立杆 $2 \times 4.89 = 9.87\text{cm}^2$

2. 组合风荷载时：$\frac{N}{\varphi A} + \frac{M_w}{W} \leqslant f$

式中　N——组合风荷载的轴向力；

M_w——风荷载（设计值）产生的弯矩；

W——截面横量（ϕ48 管 $W = 5.08\text{cm}^3$）。

（1）计算 N 值：

$$N=1.2\ (N_{G_1k}+N_{G_2k})\ +0.85\times1.4\sum N_{Qk}$$

(2) 计算 M_w 值:

$$M_w=0.85\times1.4M_{wk}$$

$$=\frac{0.85\times1.4w_k\cdot l\cdot h^2}{10}$$

式中 M_{wk}——风荷载（标准值）产生的弯矩；

0.85——组合系数（风荷载+施工荷载)；

l——立杆纵距；

h——大横杆步距；

w_k——风荷载标准值；

$$w_k=0.7\mu_s\cdot\mu_z\cdot w_0$$

式中 0.7——折减系数；

μ_s——体型系数（1.0φ 或 1.3φ)；

μ_z——风压高度变化系数（查荷载规范)；

w_0——地区基本风压 kN/m^2（查荷载规范)。

(3) W 截面模量（查表 4)

二、计算连墙杆的强度及连接强度

1. 连墙杆轴向力设计值按下式:

$$N_l=N_{lw}+N_0$$

式中 N_l——连墙杆轴向力设计值（kN)；

N_{lw}——风荷载产生的连墙杆轴向力；

N_0——连墙杆约束脚手架平面外变形产生的轴向力（单排架取 3，双排架取 5)；

$N_{lw}=1.4\cdot w_k\cdot A_w$；

A_w——每个连墙杆的覆盖面积内，脚手架外侧面的迎风面积（连墙杆的水平间距×垂直间距）。

2. 扣件与连墙杆连接强度

扣件承载力设计值：直角扣件及旋转扣件（抗滑）按8kN/个；对接扣件（抗滑）按3.2kN/个计算。

三、验算搭设高度

当脚手架按照理论计算的搭设高度 H_S 等于或大于26m时，应按下列公式进行调整：

$$[H]=\frac{H_s}{1+0.001H_s}$$

式中 $[H]$——脚手架允许搭设高度；

H_s——按稳定计算的搭设高度。

不组合风荷载时：

$$H_s=\frac{\varphi Af-(1.2N_{G_2k}+1.4\sum N_{Qk})}{1.2g_k}$$

组合风荷载时：

$$H_s=\frac{\varphi Af-\left[1.2N_{G_2k}+0.85\times1.4\left(\sum N_{Qk}+\frac{M_{wk}}{W}\varphi A\right)\right]}{1.2g_k}$$

g_k——每m立杆承受的结构自重标准值（kN/m）。

结构自重包括：立杆、大横杆、小横杆、剪刀撑、横向斜撑及扣件等的自重，可查表3。

四、计算立杆地基承载力

计算公式： $P\leqslant f_g$

式中 P——立杆基础底面的平均压力

$$P=\frac{N}{A}$$

N——上部结构传至基础顶面的轴向力（设计值）

A——基础底面面积

f_g——地基承载力（设计值）

$f_g = k_c \cdot f_{gk}$

k_c——脚手架地基承载力调整系数，

碎石、砂土、回填土　　$k_c = 0.4$

粘土　　$k_c = 0.5$

岩石、混凝土　　$k_c = 1.0$

f_{gk}——地基承载力标准值，查《建筑地基基础设计规范》。

第二节　计算用表

（ϕ48×3.5）脚手架每米立杆承受结构自重标准值 g_k（kN/m）

表 3

步距 (m)	脚手架类型	立杆纵距（m）			
		1.2	1.5	1.8	2.0
1.20	单　排	0.1581	0.1723	0.1865	0.1958
	双　排	0.1489	0.1611	0.1734	0.1815
1.35	单　排	0.1473	0.1601	0.1732	0.1818
	双　排	0.1379	0.1491	0.1601	0.1674
1.50	单　排	0.1384	0.1505	0.1626	0.1706
	双　排	0.1291	0.1394	0.1495	0.1562
1.80	单　排	0.1253	0.1360	0.1467	0.1539
	双　排	0.1161	0.1248	0.1337	0.1395
2.00	单　排	0.1195	0.1298	0.1405	0.1471
	双　排	0.1094	0.1176	0.1259	0.1312

注：1. 双排架是按里排与外排立杆平均值计算。

2. 单排架是按双排架的外排立杆等值承重计算。

钢管截面特性 表4

外径 (mm)	壁厚 (mm)	截面积 A (cm^2)	惯性矩 I (cm^4)	截面模量 W (cm^3)	回转半径 i (cm)	每米质量 (kg/m)
48	3.5	4.89	12.19	5.08	1.58	3.84
51	3.0	4.52	13.08	5.13	1.70	3.55

脚手架立杆的计算长度系数 μ 表5

类　　别	立杆横距 (m)	连墙杆布置	
		二步三跨	三步二跨
双排架	1.05	1.50	1.70
	1.30	1.55	1.75
	1.55	1.60	1.80
单排架	≤1.50	1.80	2.00

轴心受压杆件稳定系数 φ (Q235－A) 表6

λ	0	1	2	3	4	5	6	7	8	9
0	1.000	0.997	0.995	0.992	0.989	0.987	0.984	0.981	0.979	0.976
10	0.974	0.971	0.968	0.966	0.963	0.960	0.958	0.995	0.952	0.949
20	0.947	0.944	0.941	0.938	0.936	0.933	0.930	0.927	0.924	0.921
30	0.918	0.915	0.912	0.909	0.906	0.903	0.899	0.896	0.893	0.889
40	0.886	0.882	0.879	0.875	0.872	0.868	0.864	0.861	0.858	0.855
50	0.852	0.849	0.846	0.843	0.839	0.836	0.832	0.829	0.825	0.822
60	0.818	0.814	0.810	0.806	0.802	0.797	0.793	0.789	0.784	0.779
70	0.775	0.770	0.765	0.760	0.755	0.750	0.744	0.739	0.733	0.728
80	0.722	0.716	0.710	0.704	0.698	0.692	0.686	0.680	0.673	0.667
90	0.661	0.654	0.648	0.641	0.634	0.626	0.618	0.611	0.603	0.595
100	0.588	0.580	0.573	0.566	0.558	0.551	0.544	0.537	0.530	0.523

续表

λ	0	1	2	3	4	5	6	7	8	9
110	0.516	0.509	0.502	0.496	0.489	0.483	0.476	0.470	0.464	0.458
120	0.452	0.446	0.440	0.434	0.428	0.423	0.417	0.412	0.406	0.401
130	0.396	0.391	0.386	0.381	0.376	0.371	0.367	0.362	0.357	0.353
140	0.349	0.344	0.340	0.336	0.332	0.328	0.324	0.320	0.316	0.312
150	0.308	0.305	0.301	0.298	0.294	0.291	0.287	0.284	0.281	0.277
160	0.274	0.271	0.268	0.265	0.262	0.259	0.256	0.253	0.252	0.248
170	0.245	0.243	0.240	0.237	0.235	0.232	0.230	0.227	0.225	0.223
180	0.220	0.218	0.216	0.214	0.211	0.209	0.207	0.205	0.203	0.201
190	0.199	0.101	0.195	0.193	0.191	0.189	0.188	0.186	0.184	0.182
200	0.180	0.179	0.177	0.175	0.174	0.172	0.171	0.169	0.167	0.166
210	0.164	0.163	0.161	0.160	0.159	0.157	0.156	0.154	0.153	0.152
220	0.150	0.149	0.148	0.146	0.145	0.144	0.143	0.141	0.140	0.139
230	0.138	0.137	0.136	0.135	0.133	0.132	0.131	0.130	0.129	0.128
240	0.127	0.126	0.125	0.124	0.123	0.122	0.121	0.120	0.119	0.118
250	0.117									

第十章　分段卸荷与分段搭设

第一节　分段卸荷法

一、分段设斜拉钢丝绳

1. 沿脚手架全高分段，每段可按 12~18m 高度划分。

2. 斜拉钢丝绳吊点设在脚手架主节点处，绕过双排架兜紧底部，下部采用两根小横杆顶墙。上部与建筑物连接。

3. 为使钢丝绳水平夹角最大，上部吊点的竖向高度与下吊点至墙面的水平距离之比≥5，以减少钢丝绳拉力及水平分力。

二、计算斜拉钢丝绳

1. 钢丝绳可按水平三根立杆纵距设置一个吊点，沿脚手架全高分段，每段一个吊点（如果 $H = 54m$，按 18m 分段，则全高共设两个吊点，18m 及 36m 处）

2. 计算钢丝绳拉力值

（1）脚手架每一纵距内全高的轴向力为 N，3 根立杆纵距轴向力 = 3N。

（2）每一个吊点处有两根钢丝绳（里排及外排架）

沿脚手架全高有两个吊点，则共有 4 根钢丝绳，每根钢丝绳承受 $\frac{3N}{4}$ 轴向力。

（3）钢丝绳拉力公式可写成：

$$P = \frac{3}{4} N \cdot K_x$$

式中 P——每根钢丝绳吊点处竖向荷载；

N——脚手架一个立杆纵距的竖向荷载；

K_x——不均匀系数（由于各吊点钢丝绳拉紧程度不一致造成的受力不一，取 1.5）。

（4）水平分力由小横杆承担

3. 选择钢丝绳

（1）钢丝绳允许拉力 = $\frac{破断拉力}{K}$

式中 K——安全系数取 8。

(2) 查钢丝绳破断拉力表，并考虑修正系数（或折减系数）按采用的钢丝绳型号的破断拉力选择钢丝绳直径。

(3) 按钢丝绳直径选配连接卡环。

三、工程结构预埋吊环

1. 吊环应选用Ⅰ级钢筋，不准使用冷拉加工钢筋，防止脆裂。

2. 吊环埋入混凝土内钢筋长度不小于 $30d$ 并与结构主筋连接。

3. 吊环考虑安全系数后，按抗拉强度 $\leqslant 50N/mm^2$，吊环钢筋截面，可按2根钢筋截面计算。

四、验算脚手架吊点

1. 按每个扣件抗滑移设计值为8kN计；

2. 吊点水平分力由小横杆承担，每根小横杆按2个扣件计算，当水平分力过大时，应采取加强措施；

3. 吊点的垂直分力为 $P=\frac{3N}{4}$，用8kN除，$\left(\frac{P}{8}=n\right)$ 得出 n 值即为所需扣件数量。搭设的脚手架中，每一立杆与大横杆交点处只设一个扣件，一个步距内立杆只有两个扣件，所以 $n-2$ 即为需要增加的扣件数。可在步距内，紧贴立杆处增加一短立杆，上下与大横杆顶紧，用扣件与原立杆扣紧，增加的扣件即在此步距内均匀布置，以对吊点加强防止竖向滑移。

五、验算工程结构的强度与变形，应满足预埋吊环的受力要求

六、验算前例题，改双立杆为单立杆，采用分段卸荷措施

1. 斜拉钢丝绳设置

将脚手架全高(50m)分为三段，每段按16~18m划分，具体尺寸以步距划分为准。吊点水平按3个立杆纵距即 $3\times1.5=4.5\text{m}$ 设置。工程结构锚固点至下吊点竖向距离为9m(图8)。

脚手架吊点：外吊点距墙 = 脚手架宽 + $0.5=1.8\text{m}$

里排吊点距墙 $=0.5\text{m}$

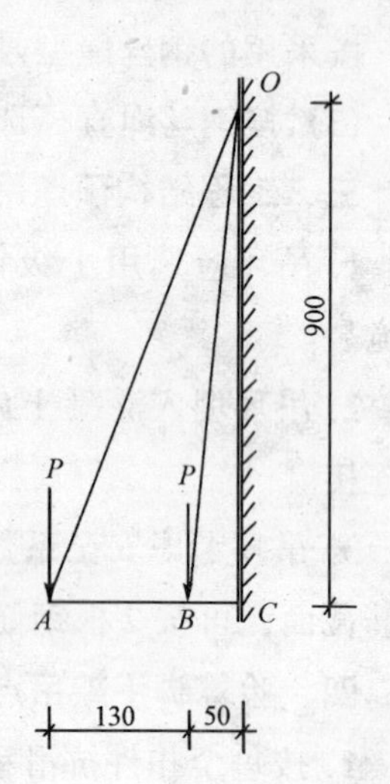

图8 计算简图

2. 斜拉钢丝绳计算

(1) 脚手架 N 值（一个纵距全高脚手架竖向荷载）

由前面例题中：

$N_{G_1k}=(17\text{步}+11\text{步})\times0.395=11.06\text{kN}$(按单管立杆)

$N_{G_2k}=5.7\text{kN}$

$\sum_{NQk}=9.9\text{kN}$

代入 $N=1.2\times（11.06+5.7）+1.4\times9.9=33.97\text{kN}$

(2) 吊点按三个纵距布置 $=3\times33.97=101.91\text{kN}$

每一吊点钢丝绳承受荷载：$P=\dfrac{3}{4}\times33.97\times1.5=38.22\text{kN}$

外排吊点处钢丝绳拉力 P_A：

$$P_A=P\times\frac{\sqrt{9^2+1.8^2}}{9}=1.02P=38.98\text{kN}$$

里排吊点处钢丝绳拉力 P_B：

$$P_B = P \times \frac{\sqrt{9^2 + 0.5^2}}{9} = P = 38.22$$

3. 吊点处小横杆水平分力 P_{AB}：

$$P_{AB} = P \times \frac{1.8}{9} + P \times \frac{0.5}{9}$$

$$= 0.2P + 0.06P = 0.26P = 9.94\text{kN}$$

4. 选钢丝绳

钢丝绳最大静拉力 $= KP_A = 8 \times 38.98 = 312\text{kN}$

选 $\phi26—6 \times 19 + 1$　钢丝强度极限 1519N/mm^2，查表：钢丝绳破断拉力 $= 392.49 \times 0.85 = 333.6\text{kN} > 312\text{kN}$

选卡环（卸扣）型号为 4.9 号，可配 $\phi26$ 钢丝绳，其允许荷载 $49\text{kN} > 38.98\text{kN}$

5. 预埋吊环

吊环采用 3 号钢 1SR 钢筋

吊环面积 $A = \dfrac{P_A}{2 \times 50} = \dfrac{38980}{2 \times 50} = 390\text{mm}^2$

可选 $\phi22$ $A = 380\text{mm}^2 \approx 390\text{mm}^2$

或选 $\phi24$ $A = 452\text{mm}^2 > 390\text{mm}^2$

6. 验算脚手架吊点

（1）吊点处水平分力 $P_{AB} = 9.94\text{kN} <$ 2 个扣件抗滑移值，采用两根小横杆顶墙满足要求。

（2）吊点处垂直分力 $P_A = 38.98\text{kN}$，每个扣件抗滑移植 8kN，$n = \dfrac{38.98}{8} = 5$ 个，吊点每根立杆处增加 3～4 个扣件，在吊点步距内增设短立杆，上下与大横杆顶紧，用增加的扣件与原立杆紧固（图 9）。

7. 根据工程结构部位验算预埋钢筋吊环时的结构强度

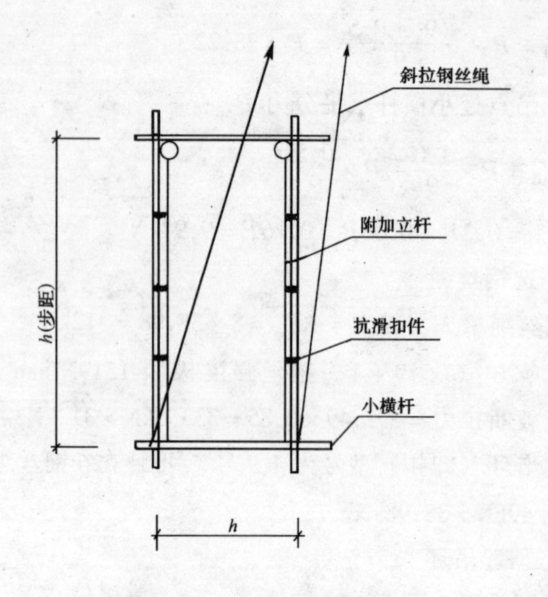

图 9　脚手架吊点加强作法

与变形。

第二节　分段搭设法

可采用型钢作悬挑梁与工程结构梁板锚固，另一端挑出建筑物，悬挑梁作为一个分段高度的脚手架立杆的基础，其水平间距即按脚手架立杆纵距设置（图 10)。

一、型钢挑梁计算

悬挑梁按《钢结构设计规范》(GBJ17—88) 计算。此时脚手架轴向力全部由挑梁承担，水平力仍由连墙杆传给建筑物承担。

1. 强度验算

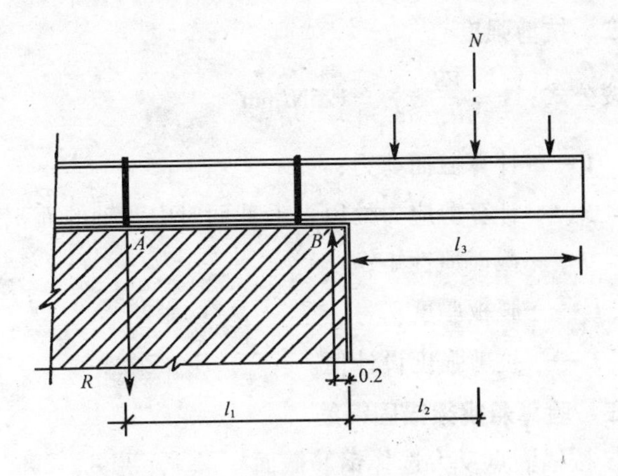

图 10　型钢悬挑梁计算简图

按公式：$\frac{M_x}{\gamma_x W_{nx}} \leqslant f$

式中　M_x——脚手架竖向荷载对悬挑梁支点处弯矩，

$M_x = N \times l_2$；

N——脚手架竖向荷载；

l_2——N 距墙支点处水平距离；

W_{nx}——型钢截面 x 轴的净截面抗弯模量；

γ——截面塑性发展分数（工字钢 $\gamma_x = 1.05$）；

2. 稳定性验算

按公式：$\frac{M_x}{\varphi W_x} \leqslant f = 215\text{N/mm}^2$

式中　φ_b——型钢整体稳定系数。

3. 挠度验算

$v = \frac{Nl_2^2}{6EI}$ （$3 - \frac{l_2}{l_3}$）$\leqslant \frac{l}{400}$（悬臂梁 l 为悬伸长度的 2 倍）

二、抗剪强度

按公式：$\tau = \frac{VS}{It_w} \leqslant f_v = 125\text{N/mm}^2$

式中　V——计算截面剪力；

S——计算剪应力处以上毛截面对中和轴的面积矩；

I——截面惯性矩；

t_w——腹板厚度；

f_v——抗剪强度设计值。

三、验算悬挑梁锚固钢筋

1. 按锚固点反力选择钢筋截面

锚固点拉力 $R \times l_1 = N \times (l_2 + 0.2)$

$$R = \frac{N \cdot l_2}{l_1 + 0.2}$$

式中　R——锚固点拉力；

N——脚手架竖向荷载；

l_1——锚固点距建筑物边缘距离；

l_2——脚手架轴向力距建筑物边缘距离；

0.2——支承点与墙边缘距离。

2. 预埋锚固钢筋吊环按两个截面同时受力计算，每根钢筋截面承受$\frac{R}{2}$

3. 校核安全度，满足$\frac{A \cdot \sigma_S}{\frac{R}{2}} > 2$的要求

式中　A——选择的锚固钢筋截面积；

σ_S——钢材强度标准值 240kN/mm^2。